Md. Sohel Hasan

Proteína de baiacu: uma neurotoxina grave

Md. Sohel Hasan

Proteína de baiacu: uma neurotoxina grave

ScienciaScripts

Imprint

Any brand names and product names mentioned in this book are subject to trademark, brand or patent protection and are trademarks or registered trademarks of their respective holders. The use of brand names, product names, common names, trade names, product descriptions etc. even without a particular marking in this work is in no way to be construed to mean that such names may be regarded as unrestricted in respect of trademark and brand protection legislation and could thus be used by anyone.

Cover image: www.ingimage.com

This book is a translation from the original published under ISBN 978-3-659-90035-8.

Publisher:
Sciencia Scripts
is a trademark of
Dodo Books Indian Ocean Ltd. and OmniScriptum S.R.L publishing group

120 High Road, East Finchley, London, N2 9ED, United Kingdom
Str. Armeneasca 28/1, office 1, Chisinau MD-2012, Republic of Moldova, Europe
Managing Directors: Ieva Konstantinova, Victoria Ursu
info@omniscriptum.com

Printed at: see last page
ISBN: 978-620-3-23533-3

Resumo

Foi isolada e purificada uma proteína da porção ventral do peixe Potca, *Tetraodon patoca*. O método foi realizado por filtração em gel do extrato de proteína bruta em Sephadex G-50, seguido de cromatografia de troca iónica em DEAE-celulose e, finalmente, por cromatografia de afinidade em matriz ConA-Sefarose. O peso molecular da proteína, determinado por filtração em gel e SDS-PAGE, foi de cerca de 82 000 e 80 000, respetivamente, mas 42 000 e 38 000 foram indicados por SDS-PAGE na presença de 2-mercaptoetanol. A proteína aglutinou glóbulos vermelhos de rato e, num teste de inibição de haptein, a proteína foi inibida especificamente pela D-manose e por sacarídeos contendo manose. A proteína é uma glicoproteína com um teor de açúcar neutro de cerca de 0,35%.

A proteína purificada também mostrou fortes efeitos citotóxicos, o que foi efectuado pelo ensaio biológico de letalidade do camarão de água salgada, bem como por exames histopatológicos. Verificou-se que o efeito fisiológico da TTX e da PFL tinha um efeito tóxico com a diminuição do peso corporal em comparação com o controlo. Além disso, também se verificou uma variação considerável na monitorização dos perfis hematológicos, no teste da função hepática e no exame histopatológico do controlo e do rato tratado com TTX e PFL. Tal como a tetrodotoxina (TTX), a proteína de peixe-balão (PFL), que é uma glicoproteína na natureza, também é muito tóxica. Ambos os compostos têm um padrão de ação semelhante no que respeita à toxicidade.

As sequências de aminoácidos N-terminais de ambas as subunidades da proteína também foram identificadas e utilizou-se uma pesquisa de explosão nas sequências de aminoácidos N-terminais das subunidades, revelando que a proteína apresentava uma homologia significativa com as proteínas homólogas na base de dados.

Abreviaturas: PFL, Puffer Fish Lectin; ConA, Concanavalin A ; SDS- PAGE, Sodium Dodecyl Sulfate; DEAE, Diethylaminoethyl; BSA, Bovin serum albumin; PVDF, polyvinylidene difluoride ; i.p, intraperitoneally.

Dedicado

Meus queridos pais e professores

RECONHECIMENTO

Tenho a honra de expressar os meus melhores cumprimentos, a minha profunda gratidão, o meu agradecimento e o meu profundo apreço aos meus respeitados professores, em especial ao Professor Dr. Nurul Absar, do Departamento de Bioquímica e Biologia Molecular da Universidade de Rajshahi, Bangladesh, pela sua orientação inspiradora, ajuda generosa e sugestões valiosas durante todo o curso deste trabalho de investigação. Estou extremamente grato ao Presidente do Departamento de Bioquímica e Biologia Molecular pela sua cooperação.

O autor agradece ao Professor T. Sekiguchi, Faculdade de Ciências e Engenharia, Universidade de Iwaki Meizei, Japão, pela gentil doação de ConA-safarose e também à Shimadzu Biotech; Japão, pelas análises da sequência N-terminal. Mais uma vez, estou grato ao Professor Fazlur Rahman por ter ajudado a recolher e analisar os dados histopatológicos.

Autor

Dr. Md. Sohel Hasan Professor Associado do
Departamento de Bioquímica e Biologia
Molecular da Universidade de Rajshahi.
Rajshahi-6205.
Bangladesh.
Correio eletrónico: sohel_bio@yahoo.com.

ÍNDICE

CAPÍTULO 1

Introdução

1.1 Introdução geral

As lectinas, que são proteínas ou glicoproteínas de ligação a açúcares de origem não imune, foram identificadas em várias espécies de todos os taxa, desde vírus e bactérias a vertebrados. Devido à sua propriedade de ligação aos açúcares, são candidatos úteis para a deteção de hidratos de carbono da superfície celular (L.G. Yu., J.D. Milton., D.G. Fernig., J.M. Rhodes., 2001), aplicações biomédicas (F. Pryme., 2002 e J. Grant., 2001) e purificação de glicoconjugados (K.Yamamoto., T. Tsuji., O. Tarutami., T. Oswa., 1984). Sabe-se que o peixe potca armazena concentrações mais elevadas de tetrodotoxina (TTX) em vários órgãos, o que provoca uma intoxicação grave no ser humano. A TTX é uma das toxinas marinhas mais conhecidas que, ocasionalmente, causa intoxicação humana, incluindo fatalidade. A intoxicação por TTX tem sido quase exclusivamente associada à ingestão de pota tóxica, especialmente nas águas da região do Oceano Indo-Pacífico (Nakamura, 1985).

Também foram isoladas proteínas (Lectinas) do baiacu, que mostraram atividade citotóxica, bem como outras propriedades biológicas. A proteína do baiacu (PFP) mostrou atividade citotóxica, bem como outras propriedades biológicas, por exemplo, exames histopatológicos. Por conseguinte, a origem, o mecanismo de toxicidade ou a via metabólica deste componente continuam por estudar. O peixe-balão é um alimento rico em nutria porque contém uma maior quantidade de proteínas (24%) e minerais como Ca, Fe e P, etc. O nosso interesse centra-se na natureza das proteínas presentes no baiacu, o que poderia fornecer informações sobre se as proteínas têm uma atividade semelhante à da tetrodotoxina (TTX).

O Bangladesh é uma terra de rios e é rico em recursos marinhos. É geralmente aceite que dezenas de milhares de espécies de peixes e crustáceos habitam o mar. Muitas delas são utilizadas como uma importante fonte de alimentação para nós. No entanto, pelo menos várias centenas de espécies são consideradas tóxicas e muitas causam

6

envenenamento humano, quando ingeridas para além de um nível de segurança. Alguns exemplos de toxinas marinhas são a toxina paralítica do marisco, o veneno diarreico do marisco, a toxina ciguaterica e a tetrodotoxina, que serão objeto desta análise.

O peixe-balão apresenta duas grandes placas em cada maxilar com sutura interior, formando um bico poderoso. Através de uma cavidade ligada à faringe e munida de uma válvula, o peixe é capaz de se insuflar enormemente como um balão. Existem três espécies locais em dois géneros, tais como

a. *Tetraodon cutcutia* Hamilton *(Tetraodon patoca)*

b. *Chelonodon fluviatilis* (Hamilton)

c. *Chelonodon patoca* (Hamilton)

Entre as toxinas marinhas relevantes para a intoxicação humana, a tetrodotoxina (TTX) tem sido conhecida como uma das mais prejudiciais. Pensa-se inicialmente que o peixe Potca (*Tetraodon patoca*) é a única fonte a partir da qual a TTX pode ser isolada. É amplamente conhecido como peixe-balão ou peixe-balão, porque pode inchar a barriga até se assemelhar a uma bola. É também utilizado, de forma mais restrita, como nome do género fugu da família *dos tetraodontídeos* que vive apenas nas águas que rodeiam o Japão. As pessoas podem comer este peixe como fonte de proteínas. Mas, como contém toxinas graves, não se pode comer o peixe-balão como uma boa fonte de proteínas.

Os baiacus armazenam uma elevada concentração de toxinas em vários órgãos. A TTX é uma neurotoxina violenta presente nos baiacus. O fígado, as gónadas, o intestino, o ovo e a pele da parte ventral contêm principalmente PFT (puffer fish toxin), uma poderosa neurotoxina que pode causar a morte de quem a ingere. Todos os anos, muitas pessoas morrem em todo o mundo, incluindo no Bangladesh, devido ao envenenamento por peixe-balão. Em 1963, oito pessoas morreram no Japão devido a este envenenamento. No nosso país, seis pessoas de uma família morreram por envenenamento por baiacu em Potuakhali, Bangladesh, em 2001. Em 16 de novembro

de 1998, morreram oito pessoas entre 15 vítimas em Khulna (Mahmud, Y et al. 1999).
As pessoas comem este peixe e são afectadas pelas suas toxinas devido à falta de
conhecimento. Três das dez vítimas mortais ocorreram entre 1950 e 1990 nos EUA
(Ebesu, J. S. M et al. 2000) e quatro no Havai entre 1903 e 1925 (Reddy, C. S. et al.
1989 e Lange, W. R 1990). No Japão, entre 1974 e 1983, foram registados 646 casos
de envenenamento por baiacu, com 179 vítimas mortais.

1.2 Sinais e sintomas de toxicidade do baiacu

A TTX, uma das moléculas mais potentes, é conhecida por bloquear seletivamente os
canais de sódio sensíveis à voltagem dos tecidos excitáveis e a transmissão neural no
músculo esquelético (Agnew et al. 1984; Catterall et al. 1980 e Chew, S. K et al. 1983).
A tetrodotoxina tem uma estrutura complexa, segundo os padrões das pequenas
moléculas, e contém uma fração de guanídio. O ião guanídio é capaz de entrar nas
células através do canal Na^+ sensível à voltagem no ser humano. As parestesias
começam 10 a 45 minutos após a ingestão, geralmente sob a forma de formigueiro na
língua e na superfície interna da boca. Outros sintomas comuns incluem vómitos,
tonturas, vertigens, sensação de desgraça e fraqueza. Desenvolve-se uma paralisia
ascendente e a morte pode ocorrer dentro de 6-24 horas, bem como secundária à
paralisia dos músculos respiratórios. Outras manifestações incluem salvação, espasmos
musculares, diaforese, dor torácica pleurítica, sisfagia, afonia e convulsões. O
envenenamento grave é indicado por hipertensão, bradicardia, reflexos corneanos
deprimidos e pupilas dilatadas fixas.

1.3 Baiacu resistente à tetrodotoxina (TTX)

A resistência do baiacu à TTX deve-se a uma mutação na sequência proteica da bomba
do canal de sódio que se encontra nas membranas celulares. Este canal de sódio é
fundamental para as vias de sinalização celular, ou seja, para a transmissão de impulsos
e para a mediação de muitas funções celulares. Esta mutação pontual na sequência de

aminoácidos, em comparação com a sequência no homem, torna este peixe altamente resistente ao envenenamento por TTX. Como resultado, o TTX não reconhece o canal no respetivo peixe e, por conseguinte, não se liga a ele e bloqueia-o.

1.4 Posição sistemática dos baiacus

Reino Unido   : Animália

Filo   : Chordata

Sub-filo : Vertibrado

Classe   : Osteichthyes

Encomenda   : Tetraodontiformes

Família   : Tetraodontidae

Género   : Tetraodonte

Espécies   : Patoca

Nome completo da Esc. :   *Tetraodon patoca*

Nome local   :   Potca, Fotca, Tepa, Cutcutia

Nome do Japão   :   Fugu / peixe-balão

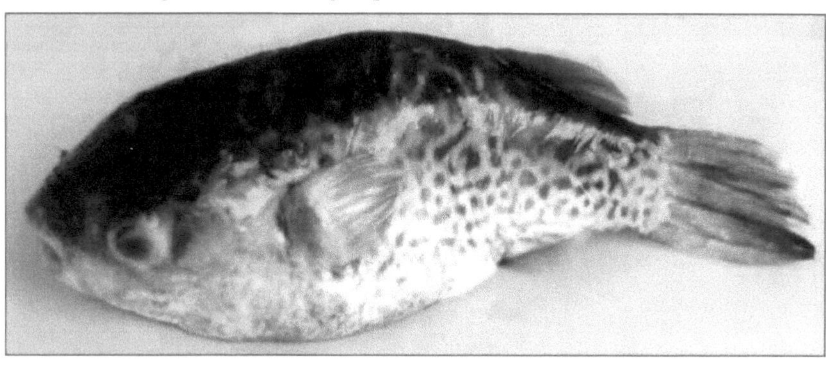

Figura-1: Fotografia de *Tetraodon patoca* (peixe-pota, vista lateral) **(C)**

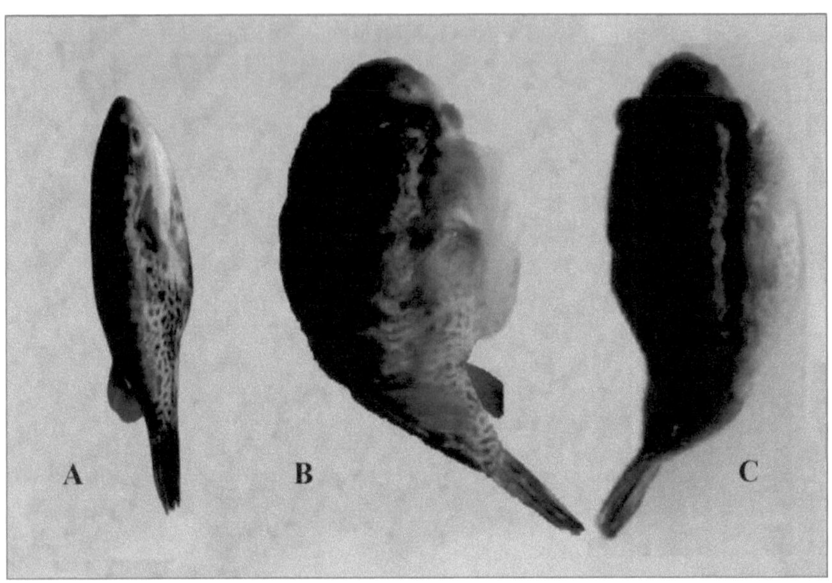

Figura-2: Fotografia de diferentes espécies de peixe-balão (vista de cima)
   A- *Chelonodon fluviatilis* (Hamilton)
   B- *Chelonodon patoca* (Hamilton)
   C- *Tetraodon patoca*

1.5 Caraterísticas físicas do baiacu

O peixe-balão é identificado pelas propriedades fonotípicas específicas, incluindo a cabeça larga e o dorso que se afunila abruptamente para a cauda. A boca abre-se um pouco abaixo, com dois dentes grandes em cada maxilar. As aberturas branquiais são muito reduzidas e limitadas à frente da base do peitoral. Cada narina forma um único orifício situado na extremidade de um tubo curto muito simples. A narina fica mais próxima do ângulo da boca do que da margem anterior do olho. Os olhos são grandes, situados ligeiramente atrás do meio da cabeça. O inter-orbital é plano e largo.

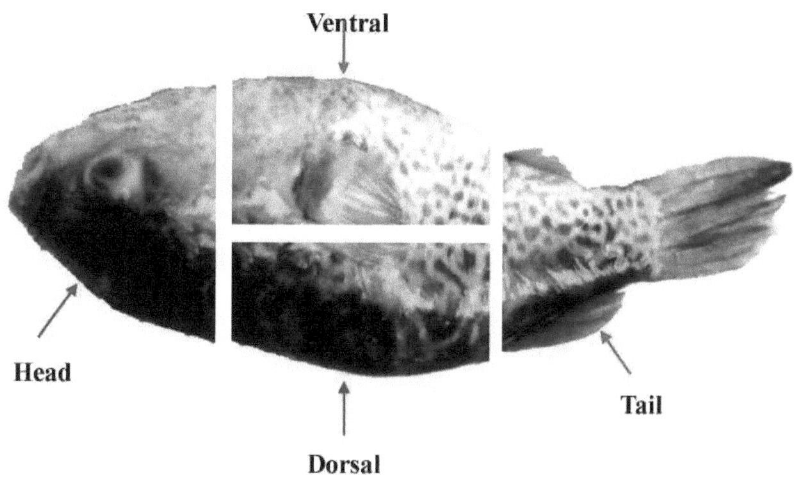

Figura-3: As diferentes partes do peixe-balão, *Tetraodon patoca*.

A cabeça tem 3,2-3,5 cm de comprimento total. A altura padrão é de 2,5-3,5 cm, o comprimento total do peixe é de 11-13,2 cm. O comprimento inter-orbital é de 3,0-4,0 cm. Duas linhas laterais, a superior não atingindo a extremidade da cauda mas encontrando-se com a inferior acima da anal. A linha lateral inferior é amplamente interrompida a meio. Os espinhos estão totalmente ausentes, bem como os pélvicos, sendo os dorsais colocados bem atrás da origem dos anais. A distância entre a origem dorsal e a base anal é igual a metade da distância entre a origem dorsal e o bordo posterior da boca. Todas as barbatanas são arredondadas. A coloração é amarelo-esverdeada na parte superior, branca no abdómen, com uma faixa clara entre os olhos. Um grande ocelo preto rodeado por um bordo claro, no lado anterior à origem da barbatana anal. Todo o dorso é marcado por reticulações verde-escuras que envolvem espaços mais claros.

1.6 Habitat e distribuição dos baiacus

O peixe-balão (peixe Potca), conhecido como "bish potca" no nosso país, encontra-se na região sul, especialmente em Khulna, Bagherhat, Sathkhira e Potuakhali. O baiacu encontra-se principalmente no Oceano Indo-Pacífico. No Bangladesh, encontra-se sobretudo na região costeira da Baía de Bengala, especialmente em Sundarban. Por vezes, o baiacu chega aos canais e rios que ligam à Baía de Bengala. Também se encontra no Japão, na Austrália, nas Filipinas, na Tailândia e no norte da América. Os japoneses têm produzido com êxito a cultura artificial do fugu. Os pescadores capturam o fugu na primavera, pois é a época da desova. Consomem cerca de 20.000 toneladas de peixe-balão por ano, das quais 6.800 toneladas são importadas (Lin SJ et al. 1998).

1.7 Objectivos principais

O baiacu armazena compostos tóxicos graves em vários órgãos, que causam grande intoxicação no ser humano. O presente estudo foi realizado com o objetivo de obter informações pormenorizadas sobre os compostos tóxicos, bem como sobre as proteínas tóxicas presentes no baiacu. Em primeiro lugar, com base nos relatórios disponíveis, foi selecionado para o estudo o tipo de baiacu mais tóxico, ou seja, o *Tetraodon patoca*. Os principais objectivos eram os seguintes:

(1)   Purificar e caraterizar as proteínas (Lectinas) da porção ventral do baiacu.

(2)   A proteína purificada foi sequenciada por um sequenciador de aminoácidos e efectuou-se um alinhamento de homologia.

(3)   Foi efectuada uma comparação entre a terodotoxina (TTX) e as lectinas purificadas de baiacu (PFL).

CAPÍTULO 2

PURIFICAÇÃO E CARACTERIZAÇÃO DA PROTEÍNA
(PFL) DO PEIXE-TUFA (*Tetraodon patoca*).

Introdução

O peixe-balão (peixe Potca), que é conhecido como "bish potca" no nosso país, encontra-se principalmente na região sul, especialmente em Khulna, Bagherhat, Sathkhira e Potuakhali. É um peixe muito rico em nutrientes que contém uma grande quantidade de proteínas, minerais, etc. O peixe Potca é uma boa fonte de proteínas que se encontra em grande parte no rio ligado ao oceano Indo-Pacífico. Entre as cinco partes do peixe Potca examinadas, a porção ventral continha a maior quantidade de proteínas (23,95g %). As pessoas pobres do nosso país, especialmente na parte sul, comem peixe Potca como uma fonte dietética de proteínas. Neste capítulo, o foco principal é a purificação e a caraterização da proteína do peixe-balão, ou seja, a glicoproteína.

MÉTODOS E MATERIAIS

2.1 Procedimento experimental:

O peixe foi recolhido após a captura no rio Rupsha, na zona de Shundarban, que se situa na parte sudoeste do Bangladesh, no mês de novembro. A Con-A Sepharose era um produto da Amersham Pharmacia Biotech, Upsala, Suécia. O Sephadex G-50, G-75, a manose e o SDS foram adquiridos à Sigma Chemical Co. EUA, enquanto os marcadores de peso molecular foram obtidos na Fluka Bio-chemica, Suíça. Todos os outros reagentes utilizados no estudo são de qualidade analítica.

2.1.1 Preparação do pó de acetona:

O procedimento foi idêntico ao descrito (J. Jayaraman., 1981). A porção ventral do peixe foi bem homogeneizada com o dobro do volume de acetona gelada e a suspensão foi filtrada através de uma camada dupla de pano de musselina, que foi lavada rapidamente com porções sucessivas de acetona, acetona-éter (1:1), éter e, finalmente, seca ao ar. O pó assim obtido foi armazenado em congelação profunda para fins experimentais.

2.1.2 Preparação do extrato de proteínas brutas:

Imediatamente antes da utilização, o pó seco de acetona (10 g) foi suspenso em 200 ml de água gelada contendo 0,2% de NaCl. Após agitação ligeira ocasional durante 3 horas a 4°C, a suspensão foi filtrada através de uma camada dupla de tecido de musselina. O filtrado foi recolhido e centrifugado a 8000g durante 10 minutos a 4 oC. O sobrenadante foi recolhido e saturado a 85% por adição de $(NH_4)2SO4$ sólido com agitação suave a 40C. O precipitado resultante foi recolhido por centrifugação, dissolvido num volume mínimo de água destilada e dialisado contra água destilada durante 12 horas e depois contra tampão Tris-HCl 10 mM, $p^H8.0$ durante uma noite a 40C. A solução dialisada foi então centrifugada a 8000 g durante 5 min para remover os materiais insolúveis e o sobrenadante claro obtido foi designado como "extrato de proteína bruta".

2.2 Purificação da proteína do baiacu (PFP):

2.2.1 Filtração em gel:

A filtração em gel do extrato de proteínas brutas foi efectuada numa coluna Sephadex G-50 utilizando tampão Tris-HCl 10 mM, pH 8,4 como tampão de eluição a 40C.

Procedimento:

i)   **Ativação do pó de gel:** suspendeu-se o pó de Sephadex G-50 em ácido acético a 10% com cloreto de sódio 1M num copo e deixou-se inchar durante uma noite. Em seguida, foi transferido para um funil de filtração e lavado com água destilada várias vezes até que o seu p^H atingisse um valor próximo da neutralidade.

ii) **Acondicionamento da coluna:** Esta é uma etapa muito importante em todos os tipos de experiências cromatográficas em coluna. A coluna foi embalada de acordo com o procedimento descrito anteriormente.

iii) **Equilibração da coluna:** Após a conclusão do enchimento da coluna, esta foi equilibrada com o tampão eluente (tampão Tris-HCl 10 mM, p^H 8,4). O tampão continuou a passar através da coluna até o pH do eluído se tornar o mesmo do tampão eluente.

iv) **Aplicação da amostra:** Antes do carregamento da amostra, o tubo de saída da coluna foi aberto e o tampão eluente do topo do leito de gel foi deixado difundir-se no gel. A fração proteica foi carregada na parte superior do leito. Após a difusão da amostra, verteu-se cerca de 1 ml de tampão eluente no topo do leito de gel e deixou-se que se difundisse. Em seguida, foi adicionada uma quantidade adicional de tampão, de modo a que o espaço de cerca de 34 cm acima do leito de gel fosse preenchido com eluente. O tampão foi então deixado fluir continuamente através da coluna e foram recolhidas fracções de 3 ml do eluato por um coletor automático de fracções. Mediu-se a absorvância a 280 nm e a concentração de proteínas de cada fração pelo método de Lowry.

2.2.2 Cromatografia em DEAE-celulose:

A fração de proteína ativa obtida após a filtração em gel foi agrupada, precipitada a 100% por sulfato de amónio e finalmente aplicada à coluna de DEAE-celulose após diálise. A proteína foi eluída da coluna, passo a passo, por tampão Tris-HCl 10 mM, p^H 8,4, contendo diferentes concentrações de NaCl.

Procedimento:

i) **Ativação do pó de DEAE-celulose:** O pó de DEAE-celulose foi suspenso em HCl 0,2M num copo e deixado a inchar durante algumas horas. Durante a dilatação, foi agitado a intervalos curtos para evitar a formação de grumos. Em seguida, foi transferido para um funil de filtração e lavado com água destilada durante várias vezes até o pH atingir um valor próximo da neutralidade. A suspensão de gel foi então transferida para outro copo contendo NaOH 0,2M e deixada durante algumas horas com agitação lenta. Foi novamente lavada com água destilada para neutralizar o seu p^H.

ii) **Acondicionamento da coluna:**

Uma coluna com o comprimento desejado foi embalada de forma correta. Se a coluna não estiver corretamente embalada, não se podem esperar resultados exactos, porque uma coluna mal embalada dá origem a taxas de fluxo irregulares e a resolução também se perde. A suspensão de DEAE-celulose activada foi colocada num frasco filtrante e arejada por uma bomba de vácuo; caso contrário, poderia afetar o caudal da coluna após o enchimento. A suspensão de gel foi ajustada de modo a obter uma pasta bastante espessa, mas não suficientemente espessa para reter as bolhas. A coluna foi montada num suporte de laboratório e a sua extremidade estreita foi equipada com um tubo de saída. Certificou-se de que não havia bolhas no espaço morto do suporte do leito. Isto foi facilmente conseguido enchendo aproximadamente ¼ th da coluna, incluindo o tubo de saída, com água destilada. Quando o espaço morto estava devidamente preenchido, o tubo de saída foi fechado com uma rolha de cortiça e a suspensão de gel de um reservatório de gel foi adicionada suavemente à coluna. Para evitar o aprisionamento de qualquer bolha, a suspensão de gel foi vertida na parede interna da coluna. Desta forma, uma coluna do comprimento desejado foi embalada uniformemente com a suspensão de gel.

iii)   Equilibração da coluna: Após a conclusão do enchimento da coluna, esta foi equilibrada com tampão Tris-HCl 10 mM, p^H 8,4.

iv)   Preparação e aplicação da amostra: A solução de proteína bruta foi dialisada contra tampão Tris-HCl 10 mM, p^H 8,4 durante 24 horas e a amostra dialisada foi carregada na coluna de DEAE-celulose a 4°C. As proteínas foram eluídas da coluna com o mesmo tampão contendo NaCl por gradiente e eluição faseada.

2.2.3 Cromatografia de afinidade:

A fração ativa da proteína obtida por cromatografia de DEAE-celulose foi aplicada à coluna ConA-Sepharose, que foi previamente equilibrada com o tampão, 20mM Tris-HCl contendo 0,5M NaCl, pH-7,6 a 40C. Após lavagem da coluna com o tampão, a proteína absorvida na coluna foi eluída pelo tampão contendo 0,1M de α-D-manopiranosídeo.

A pureza da fração de proteína ativa foi determinada à temperatura ambiente utilizando Native-PAGE (gel de 7,5%) de acordo com o método de Davis. (1964).

2.3 Teste de pureza

Eletroforese em gel de placas SDS-PAGE

Princípio:

O método de eletroforese em gel de poliacrilamida com dodecil sulfato de sódio (SDS) é normalmente utilizado para verificar a pureza das proteínas, bem como para determinar o seu peso molecular. O SDS é um detergente aniónico, que se liga à maioria das proteínas em quantidades aproximadamente proporcionais ao peso molecular da proteína, cerca de uma molécula de SDS por cada duas moléculas de resíduos de aminoácidos. O SDS ligado contribui com uma grande carga negativa, tornando insignificante a carga intrínseca da proteína. Além disso, a conformação nativa da proteína é alterada quando o SDS está ligado e a maioria das proteínas assume uma forma semelhante e, por conseguinte, uma alteração semelhante do rácio da massa. Por conseguinte, a eletroforese em gel na presença de SDS separa as proteínas quase exclusivamente com base na massa, sendo que os polipéptidos mais pequenos migram mais rapidamente. Por conseguinte, todos os complexos proteína-SDS se deslocam para o ânodo durante a eletroforese e o seu movimento é inversamente proporcional ao logaritmo dos seus pesos moleculares. Se forem também utilizadas proteínas padrão de pesos moleculares conhecidos, os pesos moleculares das proteínas da amostra podem ser determinados por comparação com proteínas de pesos moleculares conhecidos. O padrão proteico das fracções selecionadas foi determinado por SDS-PAGE a 10%, de acordo com o método de Laemmli (1970), modificado por Smith (1995).

A) Reagentes e soluções:

i) Preparação de uma solução de acrilamida a 30%:

Dissolveram-se 33,3 g de acrilamida e 0,9 g de N,N-metileno-bis-acrilamida em 70 ml de água destilada num balão volumétrico de 100 ml, por aquecimento num banho de água quente, e o volume final foi completado com água destilada. A solução foi filtrada e armazenada num frasco escuro à temperatura ambiente.

ii) Preparação do tampão Tris-HCl 1,5M (p^H 8,8):

Num erlenmeyer, dissolveu-se 18,7 g de base Tris em 90 ml de água destilada e misturou-se bem. O pH da solução foi ajustado para 8,8 por adição de HCl concentrado. O volume final foi completado para 100 ml com água destilada.

iii) Preparação do tampão Tris-HCl 0,5M (p^H 6,8):

Num erlenmeyer, dissolveu-se 6 g de base Tris em 90 ml de água destilada e misturou-se bem. O p^H da solução foi ajustado para 6,8 por adição de HCl concentrado. O volume final foi completado para 100 ml com água destilada.

iv) Preparação de uma solução de SDS (dodecil sulfato de sódio) a 10%:

A solução de SDS a 10% foi preparada dissolvendo 5 g de SDS em 40 ml de água destilada num balão volumétrico de 50 ml. Após a dissolução, o volume final foi completado para 50 ml com água destilada.

v) Preparação de uma solução de per sulfato de amónio (APS) a 10%:

A solução de APS a 10% foi preparada dissolvendo 0,5 g de APS em 4 ml de água destilada. O volume final foi completado para 5 ml com água destilada. A solução foi armazenada em tubos eppendorf (500 µl em cada tubo) a 20°C.

vi) TEMED:

A preparação comercialmente disponível da Sigma Chemicals Co., U.S.A. foi utilizada sem modificações.

vii) Preparação de uma solução de SDS a 4%:

A solução de SDS a 4% foi preparada dissolvendo 2 g de SDS em 40 ml de água destilada num balão volumétrico de 50 ml. Após a dissolução, o volume final foi completado para 50 ml com água destilada.

viii) Preparação da solução de azul de bromofenol (BPB):

A solução de azul de bromofenol foi preparada misturando os componentes como indicado abaixo e foi armazenada a 4°C.

Componentes	Montantes
Azul de bromofenol	10 g
Glicerol	2 ml
Tampão Tris-HCl 0,5M, p^H 6.8	0,2 ml
Água destilada	10 ml

ix) Preparação do tampão de amostra:

O tampão de amostra foi preparado misturando os seguintes componentes e foi armazenado a 4°C.

Componentes	Quantidade (ml)
4% SDS	13
Glicerol	5
Tampão Tris-HCl 0,5M, p^H 6.8	7

x) Preparação da solução de coloração com azul brilhante de Coomassie (CBB):

Foi preparado misturando os seguintes componentes.

Componente	Montante
CBB R 250	1 g
Ácido acético glacial	15 ml
Metanol/ Etanol	100 ml
Água destilada	85 ml

xi) Preparação da solução de descoloração do CBB-1:

A solução-1 de descoloração do CBB foi preparada misturando os componentes como indicado a seguir.

Componentes	Quantidade (ml)
Solução de coloração	10
Ácido acético glacial	10
Metanol/ Etanol	10
Água destilada	10

xii) Preparação da solução de descoloração-2:

A solução de descoloração-2 foi preparada misturando os seguintes componentes.

Componentes	Quantidade (ml)
Ácido acético glacial	45
Metanol/ Etanol	30
Água destilada	125

xiii) Preparação do tampão electroforético (tampão de câmara): O tampão electroforético foi preparado com os seguintes componentes

Componentes	Quantidade (g)
Base Tris	9.09
Glicina	43.2
SDS	3

Estes componentes foram dissolvidos em água destilada e o volume final foi completado para 3 litros com água destilada.

xiv) Preparação da amostra:

1 ml da amostra de proteínas foi misturada com o tampão de amostra (1:1, v/v) num tubo eppendrop e aquecida durante 2-3 minutos a 100°C. A amostra foi então utilizada para SDS-PAGE.

B) Procedimento para SDS-PAGE:

As placas limpas e secas (7 cm x 10 cm) foram montadas com um espaçador (1,5 cm de espessura) e mantidas juntas num suporte de gel casting. A montagem foi verificada quanto a fugas.

(i) Preparação do gel de separação para a eletroforese em placas:

Colocam-se num erlenmeyer as soluções seguintes. Em seguida, o frasco foi agitado suavemente para misturar. Para evitar a polimerização instantânea, o frasco contendo a solução foi mantido num banho de gelo. A solução foi utilizada imediatamente.

Componentes	Montante
Solução de acrilamida a 30%	6,5 ml

Tampão Tris-HCl 1,5M, p^{H}8.8	4,05 ml
Água desionizada	2,50 ml
Solução de SDS a 10%	75 µl
TEMED	6,25 µl
Solução de APS a 10%	75 µl

A solução de gel de separação foi aplicada na sanduíche. A parte superior do gel foi coberta lentamente com uma camada de água. Deixou-se então polimerizar a solução de gel durante cerca de uma hora à temperatura ambiente. A camada de água foi vertida. **ii) Preparação do gel de empilhamento:**

Colocam-se num erlenmeyer as soluções seguintes. Em seguida, o frasco foi agitado suavemente para misturar. Para evitar a polimerização instantânea, o frasco com a solução foi mantido num banho de gelo. A solução foi utilizada imediatamente.

Composto	**Quantidade**
Solução de acrilamida a 30%	450 µl
Tampão Tris-HCl 0,5M, pH 6,8	375 µl
Água desionizada	2,11 ml
Solução de SDS a 10%	30 µl
TEMED	5 µl
Solução de APS a 10%	30 µl

(iii) O gel de empilhamento foi vertido sobre o gel de separação. Em seguida, o pente de Teflon foi inserido imediatamente na camada da solução de gel de empilhamento. Foi adicionado gel de empilhamento adicional para preencher completamente o espaço no pente. Tomou-se o cuidado de não reter bolhas de ar. A solução de gel foi deixada a polimerizar durante cerca de 30 minutos.

(iv) O pente de teflon foi cuidadosamente retirado sem rasgar os bordos dos poços de poliacrilamida. Após a remoção do pente, os poços foram lavados com tampão de eletroforese para remover o monómero não polimerizado. Os poços de gel foram preenchidos com tampão de eletroforese.

(v) A sanduíche de gel foi então ligada à câmara superior de tampão e encheu-se a câmara inferior de tampão com a quantidade recomendada de tampão de eletroforese. Encheu-se parcialmente a câmara superior com o tampão de eletroforese, de modo a que a parte superior da sanduíche de gel ficasse mergulhada no tampão de eletroforese.

A eletroforese foi efectuada através da aplicação de uma fonte de alimentação eléctrica com uma corrente de 30 mA. A fonte de alimentação foi desligada quando o corante BPB foi atingido no ponto de marcação na parte inferior do gel.

(vi) Recuperação do gel:

A sanduíche de gel foi retirada da câmara superior do tampão e colocada sobre uma folha de papel absorvente ou toalhas de papel. A lâmina um foi removida cuidadosamente. Em seguida, o gel foi retirado da placa inferior.

(vii) Coloração do gel:

Após a recuperação, o gel foi corado com a solução de coloração durante duas horas à temperatura ambiente.

(vii) Destruição do gel

Ao fim de duas horas, o gel foi retirado da solução de coloração e a descoloração foi efectuada mergulhando o gel numa solução de descoloração. Quando o gel se tornou transparente, foi retirado e lavado com água.

2.4 Caracterização da proteína do baiacu:

2.4.1 Determinação do peso molecular:

O peso molecular da lectina de baiacu (PFL) foi determinado por eletroforese em gel de poliacrilamida SDS, tal como descrito (Laemmli., 1970), utilizando β-D-galactosidase, BSA, albumina de ovo e lisozima como proteínas marcadoras.

Método:

Foram cuidadosamente carregados 20 μM de proteína marcadora e de proteína de amostra no fundo dos diferentes poços. A parte restante da câmara superior do tampão foi preenchida com tampão de eletroforese.

2.4.2 Determinação do peso molecular por filtração em gel:

O peso molecular da proteína foi determinado por filtração em gel em Sephadex G-75 (0,75x 100cm), seguindo o procedimento descrito por Andrews (1965), utilizando β-D-galactosidase, BSA, albumina de ovo e lisozima como proteínas marcadoras.

Procedimento:

i) **Embalagem da coluna:** Uma coluna do comprimento desejado foi enchida com uma suspensão de gel Sephadex G-75, seguindo o procedimento descrito anteriormente.

ii) **Equilibração da coluna:** Após a preparação da coluna, esta foi equilibrada com o tampão eluente, Tris-HCl 10 mM, p^H 8,2. O tampão continuou a passar pela coluna até que o pH do eluato se tornasse igual ao p^H do tampão eluente.

iii) **Aplicação da amostra:** As proteínas padrão e a proteína desconhecida foram aplicadas à coluna. Durante a filtração em gel, foram mantidas condições idênticas de cada vez. Finalmente, deixou-se o tampão fluir continuamente através da coluna a um caudal de 15 ml/hora, tendo sido recolhidas fracções de 3 ml do eluato por um coletor automático de fracções. A absorvância de cada fração foi medida a 280 nm. O peso molecular da proteína foi determinado a partir de uma curva padrão, que foi construída traçando o gráfico do volume de eluição contra o logaritmo do peso molecular das proteínas padrão.

2.4.3 Estrutura da subunidade:

A dissociação e redução da proteína de peixe-balão (PFP) foi efectuada aquecendo a amostra durante 5 minutos a 100°C em SDS 0,1% com 0,5% de β-mercaptoetanol e a proteína foi corada com azul de Coommassie Brilliant 0,1%.

Preparação da amostra:

A amostra de proteína é preparada misturando 100 μL de proteína com 100 μL de solução de amostra e 20 μl de β-mercaptoetanol. Após aquecimento a 100OC durante 5 minutos, é adicionada uma gota de CBB à mistura.

2.4.4 Determinação da densidade ótica em função da concentração de proteínas pelo método de Lowry.

A. Método Lowry

A concentração de proteínas foi determinada segundo o método de Lowry *et al.*1951, utilizando BSA como padrão.

Reagente:

a) Solução de Na2CO3 a 2% em NaOH 0,1N

b) 0,5% de sulfato de cobre em 1% de tartarato de sódio e potássio

c) Reagente de Folin-Ciocalteau

d) Solução padrão de proteínas: 10 mg/ 100 ml em água destilada

Procedimento:

Os reagentes a e b foram misturados na proporção de 50:1 e o reagente c foi diluído com o dobro do volume de água. Para a construção da curva-padrão, foram introduzidos em diferentes tubos de ensaio 0,0, 0,1, 0,2, 0,3, 0,4, 0,5, 0,6, 0,7 e 0,8 ml da solução-padrão de proteínas e completados até 1 ml com água destilada. Após 10 minutos, adicionou-se 0,5 ml de FCR a cada tubo de ensaio, misturou-se bem e manteve-se durante mais 30 minutos. Em seguida, registou-se a leitura espectrofotométrica a 650 nm. Construiu-se um gráfico traçando a concentração em função da absorvância (O.D.) e, a partir do gráfico (Figura-4), calculou-se a concentração de proteínas.

B. Por processo de secagem

Materiais:

i) Tubos de ensaio em miniatura

ii) Forno

iii)   Balanço elétrico

iv)   Exsicador

v)   Solução proteica

Procedimento:

A absorvância (D.O.) da solução proteica purificada foi medida a 280 nm e 1 ml foi colocado num pequeno tubo de ensaio previamente tarado. A solução proteica no tubo de ensaio foi seca por aquecimento a 100°C sob vácuo. Quando a solução proteica se evaporou, os tubos de ensaio foram colocados num exsicador e deixados arrefecer. Após arrefecimento, os tubos de ensaio, juntamente com as proteínas secas, foram novamente pesados.

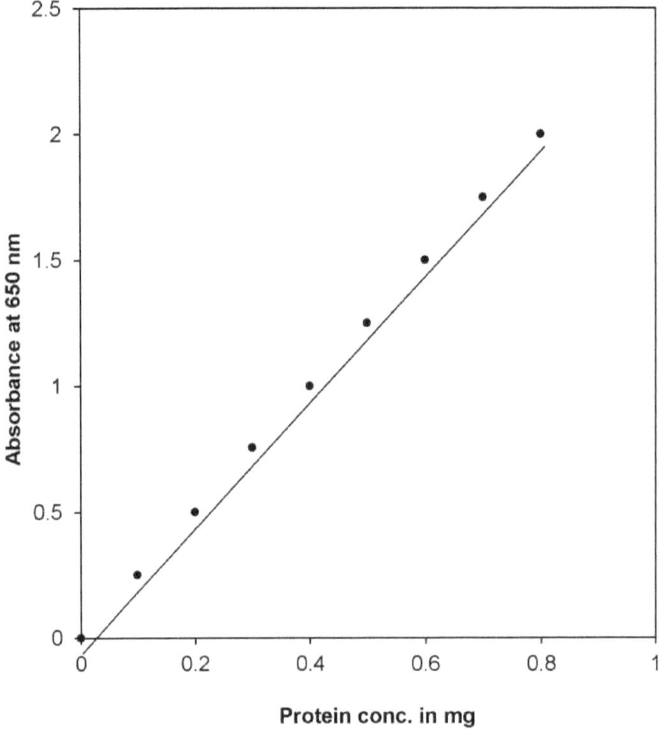

Figura-4: Curva-padrão para a determinação da concentração de proteínas pelo método de Lowry.

2.4.5 Estudos de hemaglutinação:

A atividade de hemaglutinação foi testada pela técnica de diluição em série utilizando 2% de glóbulos vermelhos de rato albino, tal como descrito por Lin *et al.* (1981). As soluções proteicas de diferentes concentrações em tampão fosfato salino 5mM, pH 7,2, foram misturadas com 0,2 ml de glóbulos vermelhos de rato a 2% e incubadas a 30 °C durante uma hora. O grau de hemaglutinação foi observado ao microscópio. A atividade hemaglutinante foi expressa como o título, o recíproco da maior diluição à qual foi possível detetar uma aglutinação visível. A atividade específica foi expressa como o título por mg de proteína. O teste de inibição da hemaglutinação foi efectuado na presença de diferentes sacarídeos, seguindo o mesmo procedimento descrito acima.

Materiais:

(i)   Tampão fosfato salino (PBS), pH-7,2.

(ii)   2% de glóbulos vermelhos de rato (RBC) em PBS

(iii)   Solução proteica.

Procedimento:

Imediatamente antes da experiência, o sangue do rato albino foi colhido num tubo de centrifugação contendo uma quantidade suficiente de tampão fosfato salino 5 mM, pH 7,2, previamente arrefecido. A amostra de sangue foi imediatamente centrifugada a 3×10^3 g durante 3 minutos. O sobrenadante foi eliminado e as células foram lavadas de forma semelhante durante três vezes com o tampão acima referido. Finalmente, preparou-se uma suspensão de hemácias a 2% (W/V) e a hemaglutinação foi efectuada em tubos de ensaio siliconizados (0,5 X 4 cm) do seguinte modo 0,2 ml de hemácias a 2% foram misturados com 0,2 ml de solução proteica em PBS e bem misturados por agitação suave. A mistura foi incubada a 30 °C durante uma hora. Foi utilizado como referência um controlo contendo 0,2 ml de PBS, pH 7,2, em vez de solução proteica e

0,2 ml de suspensão celular. Após 1 hora de incubação, os eritrócitos sedimentados foram suavemente misturados com o sobrenadante e uma gota desta suspensão foi examinada ao microscópio. Os resultados foram registados como 3^+, 2^+, 1^+ e .$\pm$

A atividade aglutinante foi expressa como o título, o recíproco da maior diluição à qual foi possível detetar uma aglutinação visível. A atividade específica foi expressa em título/mg de proteína.

2.4.6 Teste para glicoproteína e estimativa de açúcar

A concentração proteica da PFP foi estimada segundo o método de Lowry *et al.* (1951), utilizando BSA como padrão. A presença de açúcar, bem como o teor total de açúcar neutro da PFP, foi detectada pelo método do ácido fenol-sulfúrico (Dubois *et al.* 1956). Para identificação do açúcar, a proteína foi hidrolisada com HCl 4M durante 4 horas a 100°C sob vácuo. O componente de açúcar foi detectado pelo método TLC unidimensional, tal como descrito [Touchstone e Dobbins, 1978], utilizando diferentes açúcares padrão. O cromatograma foi desenvolvido com o solvente Isopropanol: Ácido acético Água (3:1:1) e, após secagem da placa ao ar, as manchas foram identificadas por pulverização com solução de ftalato de anilina.

A. Fenol-ácido sulfúrico

O fenol na presença de ácido sulfúrico pode ser utilizado para a microdeterminação colorimétrica quantitativa de açúcares e seus derivados metílicos, oligossacáridos e polissacáridos, tal como descrito por Dubois *et al.* (1956). Este método foi também utilizado para a deteção da presença de açúcares em proteínas.

A. Materiais:

    (i)   5% de fenol (em água)

    (ii)   Ácido sulfúrico concentrado

    (iii)   Solução proteica

B. Procedimento:

A solução de proteínas (0,1 ml) foi colocada num tubo de ensaio e completada até 2 ml com água destilada. Em seguida, adicionou-se 1 ml de fenol a 5% e, finalmente, 5 ml de H2SO4 conc. Para obter uma boa mistura, a corrente de ácido foi dirigida contra a superfície do líquido e não contra o lado do tubo de ensaio. Deixou-se o tubo em repouso durante 10 minutos. Em seguida, agita-se e

mantida no escuro a uma temperatura entre 25 e 30 °C durante 20 minutos. A solução foi retirada e a sua absorvância foi medida a 490 nm.

C. Preparação da curva-padrão:

Foi preparada uma solução padrão de glucose contendo 0,1mg/ml. Em seguida, 0,0, 0,1, 0,2, 0,3, 0,4, 0,6 e 0,8 ml desta solução contendo 0,0, 0,01, 0,02, 0,03, 0,04, 0,06 e 0,08 mg de glucose, respetivamente, foram colocados em diferentes tubos de ensaio e completados até 2 ml com água destilada . A solução foi tratada de forma semelhante à descrita acima. Foi construído um gráfico padrão de glucose, traçando a concentração de glucose em função da sua absorvância. A partir do gráfico, foi calculada a concentração de açúcar na proteína.

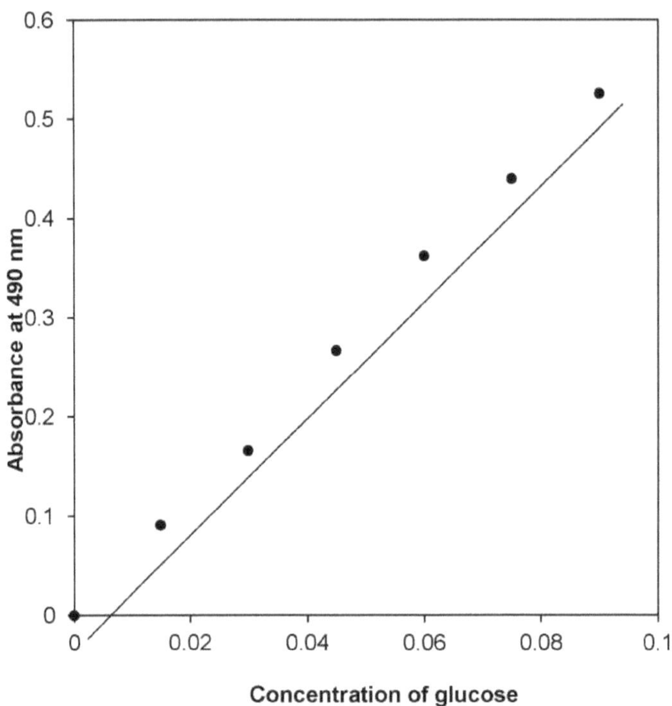

Figura-5: Curva-padrão de glucose para a estimativa do açúcar presente na glicoproteína.

1.1.7 Especificidade do açúcar/Inibição da hemaglutinação:

Materiais:

i) Solução salina tamponada com fosfato (PBS) 5 mM, pH-7,2.

ii) Soluções açucaradas de D-Glucose, D-Manose, D-Galactose, N-Acetil-D-Glucosamina, Metil-α-D-Galactopiranosídeo, metil-β-D-Galactopiranosídeo, N-acetil D-Galactocosamina, metil-α-D-manopiranosídeo e D-Glucosamina-HCL.

Procedimento:

O teste de inibição da hemaglutinação foi efectuado na presença de diferentes açúcares, tal como descrito. Adicionou-se uma solução proteica (0,1 ml) contendo a concentração mínima de proteína necessária para uma aglutinação visível a 0,1 ml de soluções de açúcar de várias concentrações e misturou-se suavemente e, em seguida, misturou-se 0,2 ml de 2% de hemácias em PBS e incubou-se a 34°C durante uma hora. As reacções foram comparadas com um controlo positivo (0,1 ml de proteína + 0,1 ml de tampão + 2% de hemácias) e um controlo negativo (0,2 ml de PBS + 0,2 ml de 2% de hemácias), tal como referido por Atkinson et al. (1980).

1.1.8 Ensaio de mitogénese:

A atividade mitogénica da proteína foi testada através da estimulação de linfócitos (Toyoshima e Osawa, 1972). Os gânglios linfáticos foram picados, suavemente pressionados através de uma tela de Teflon de 100 malhas e dispersos em meio RPMI-1640 contendo 10% de soro fetal de vitelo (Meio A). A suspensão de células foi passada através de uma almofada de algodão ligeiramente compactada e foi depois contada para deteção de linfócitos viáveis utilizando a exclusão do azul de tripano, que foi diluída com o meio A para obter uma concentração final de $3,0 \times 10^6$ linfócitos viáveis/ml. As soluções de todos os reagentes não estéreis foram passadas através de filtros Millipore (tamanho de poro de 0,2 μm: Millipore Corp., Bedford. MA. U.S.A.). Cada poço continha 100 μl da suspensão de linfócitos e 100 μl de PFP em Medium A a uma concentração especificada. As culturas foram mantidas a 37°C numa atmosfera húmida de ar/CO_2 (19:1) e depois observadas as alterações ao microscópio de maior ampliação.

1.1.9 Sequências de aminoácidos amino terminais:

Para determinar a sequenciação amino-terminal, as amostras foram misturadas com tampão de amostra 2x SDS-PAGE (0,09 M Tris-HCl, p^H 6,8, 20% Glicerol, 2% SDS, 0,02% azul de bromofenol, 0,1M DTT) e aquecidas a 95^0 C durante 5 minutos, resolvidas por SDS-PAGE utilizando um gel de 12,5%. Após SDS-PAGE, a proteína foi transferida para membranas de diflureto de polivinilideno PVDF (Millipore corporation) utilizando o tampão de transferência contendo 25 mM Tris, p^H 8.3, 192 mM glicina, 20% metanol a 110 mA de corrente constante durante 90 minutos à temperatura ambiente. Após a transferência, as bandas de proteínas foram coradas com Commassie Brilliant Blue-R 250 a 0,1% em metanol a 50% durante 7 minutos e, em seguida, destapadas com metanol a 50% durante 1 minuto, 3 vezes e, em seguida, destapadas com água MQ durante 1 minuto, 3 vezes. A membrana de PVDF foi então seca à temperatura ambiente e, em seguida, excisadas as bandas-alvo e aplicadas num sequenciador de proteínas (PPSQ-23 Shimadzu). Foram aplicados no sequenciador 25 pmol de 20 aminoácidos PTH diferentes como aminoácidos padrão. Os aminoácidos desconhecidos foram determinados em cada ciclo por comparação com o tempo de retenção dos aminoácidos padrão.

RESULTADO

2.5 Purificação da proteína do baiacu (PFP):

A proteína PFP foi purificada até à homogeneidade por cromatografia permeável em gel sucessiva em Sephadex G-50, seguida de cromatografia de permuta iónica em coluna de permuta aniónica de DEAE-celulose e, finalmente, por cromatografia de afinidade em coluna de ConA-Sepharose a 4° C.

2.5.1   Filtração em gel

A solução de proteína bruta preparada a partir da saturação de 85% de sulfato de amónio do baiacu foi dialisada contra tampão Tris-HCl 10 mM, p^H 8,4 durante 24 horas e foi aplicada a uma coluna de Sephadex a 40C, que foi previamente equilibrada com o mesmo tampão. Na cromatografia de filtração em gel, o extrato proteico bruto foi resolvido em duas fracções (Figura 6). Destas fracções, apenas o primeiro pico, ou seja, F-1, continha a maior parte das proteínas e esta fração também possuía atividade biológica. A fração ativa, F-1, indicada pela barra sólida, foi agrupada, precipitada até à saturação de 100% com sulfato de amónio e purificada por cromatografia de troca iónica. Por outro lado, a fração F-2 não foi utilizada para estudos posteriores, uma vez que continha uma pequena quantidade de proteínas de baixo peso molecular e não possuía qualquer atividade biológica percetível. A pureza da F-1 foi verificada por eletroforese em gel de poliacrilamida.

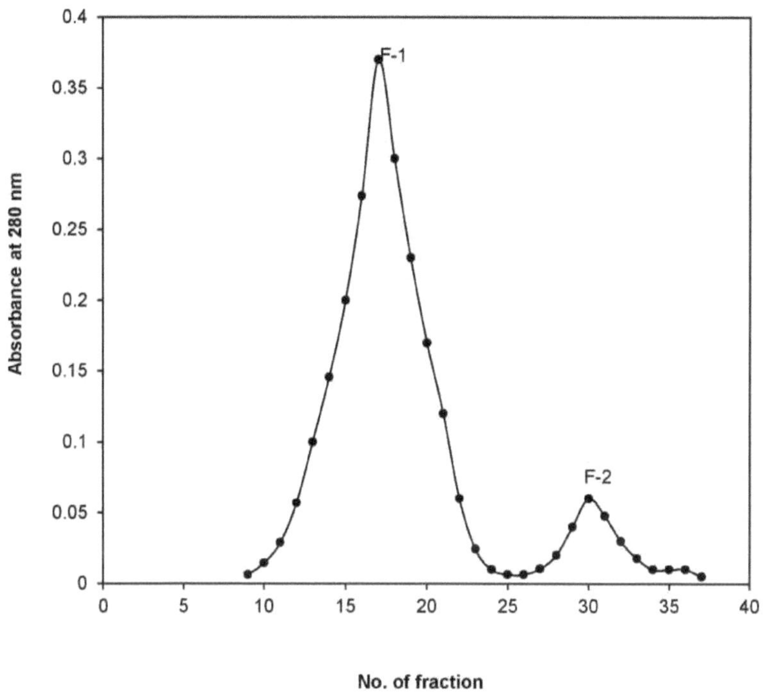

Figura -6. Filtração em gel do extrato de proteína bruta em Sephadex G-50. A proteína bruta (27 mg) foi aplicada à coluna (3× 80 cm) previamente lavada com tampão Tris-HCl 10 mM, pH 8,4 a 4°C e eluída pelo mesmo tampão. Caudal: 15 ml/hora.

2.5.2 Cromatografia DEAE-celulose

O precipitado da fração F-1 da cromatografia de filtração em gel foi dissolvido num volume mínimo de água destilada, dialisado contra água durante 12 horas e contra tampão Tris-HCl 10 mM, pH 8,4, durante uma noite a 40C. Após centrifugação, o sobrenadante límpido foi aplicado a uma coluna de celulose DEAE e as proteínas foram separadas em duas fracções principais nítidas por eluição gradual com NaCl. Como se mostra na Figura 7, a fração F-1a foi eluída por 0,2M, enquanto a F- 1b foi eluída por NaCl 0,3M contido no mesmo tampão. Embora ambas as fracções possuam atividade biológica, verificou-se que a fração F-1a continha a maior parte da atividade biológica e esta fração foi utilizada para estudos posteriores, enquanto a fração F-1b foi mantida para estudos futuros. Além disso, é evidente a partir do SDS-PAGE que a fração F-1a não era pura, uma vez que apresentava mais do que uma banda no gel (Figura não mostrada).

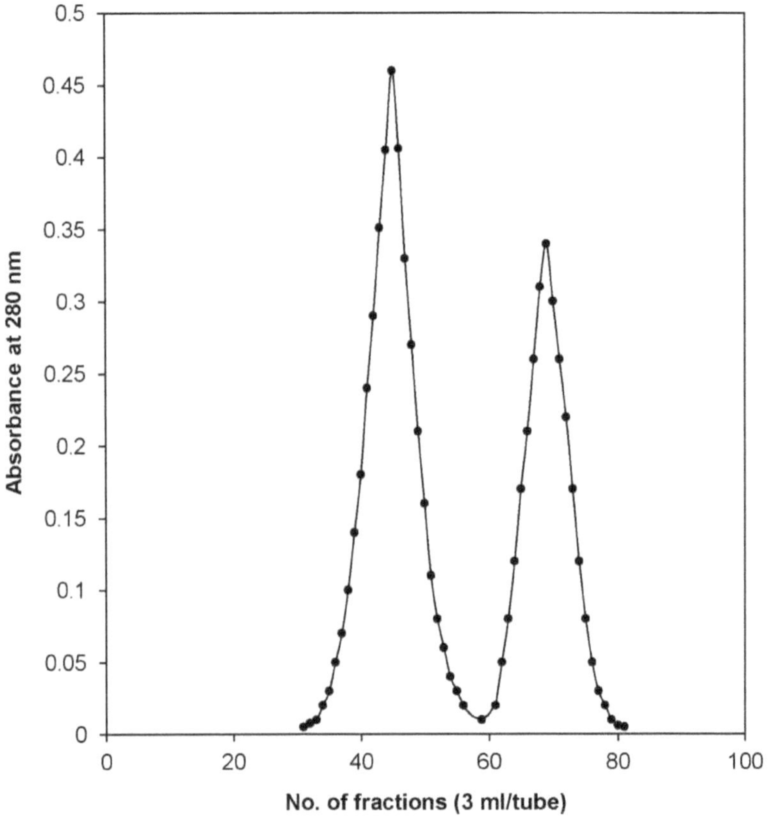

Figura -7. Cromatografia de troca iónica da fração F-1 em DEAE-celulose. A solução proteica (12 mg) foi aplicada à coluna (2,1× 25 cm) pré-equilibrada com tampão Tris-HCl 10mM, pH 8,4 a 4°C e eluída por aumentos graduais da concentração de NaCl no mesmo tampão. Caudal: 25 ml/hora.

2.5.3 Cromatografia de afinidade

A fração, F-1a, após diálise contra um tampão Tris-HCl 20 mM contendo NaCl 0,5 M durante 24 horas, foi aplicada a uma coluna ConA-Sepharose que foi previamente equilibrada com o mesmo tampão. Como se pode ver na figura 8, a maior parte da proteína ficou ligada à coluna, enquanto uma pequena quantidade foi eluída da coluna apenas pelo tampão (Fig. 1a [1]). A proteína ligada foi eluída da coluna como um único pico (F-1a2) pelo mesmo tampão contendo 0,1M de α-D-manopiranosídeo.

O rendimento da proteína de baiacu (PFP) foi de apenas cerca de 11 %, mas a dobra de purificação da proteína aumentou para cerca de 12 % em comparação com a proteína bruta (Quadro-1). A diminuição do rendimento pode dever-se à desnaturação das proteínas durante o longo processo de purificação.

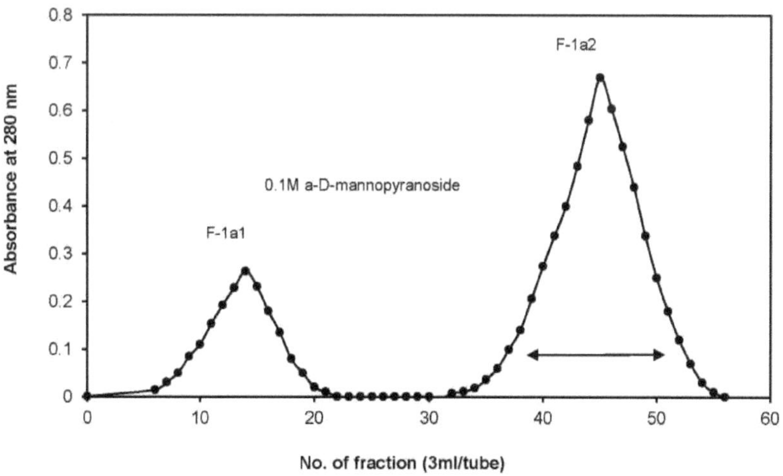

Figura 8. Cromatografia de afinidade da fração F-1a (2,75 mg) numa coluna de Con A- Sepharose previamente equilibrada com o tampão Tris-HCl 20 mM contendo NaCl 0,5 m, pH-7,6 a 4 °C. Após lavagem da coluna com o tampão, a proteína absorvida na

coluna foi eluída pelo tampão contendo 0,1M de α-D-manopiranosídeo.

Tabela-1: Rendimento de purificação (%) da proteína do baiacu.

Fraction	Total Proteins (mg)	Hemagglutination activity (titre)	Specific activity (titre/mg)	Yield%	Purification fold
Crude extract	520	1380	2.65	100	1.00
Ammonium sulfate saturated	250	843	3.37	61.08	1.27
Gel Chromatography	27	220	8.14	15.94	3.07
Ion-exchange Chromatography	10	185	18.5	13.40	6.98
Affinity Chromatography	5.5	163	29.63	11.81	11.18

2.6 Caracterização da proteína do baiacu (PFP):

2.6.7 Determinação da homogeneidade e do peso molecular:

A pureza, o peso molecular e a estrutura das subunidades da proteína do baiacu (PFP) foram determinados por eletroforese em gel de placas SDS-PAGE utilizando β-D-galactosidase (MW-116 kd), BSA (MW-67 kd), albumina de ovo (MW-45 kd) e lisozima (MW-14 kd) como proteínas marcadoras. A proteína purificada (fração, F-1a^2) apresentou uma única banda nítida no PAGE nativo (Figura-9), indicando a homogeneidade da proteína. Além disso, a PFP também apresentou uma única banda em SDS-PAGE na ausência de β-mercaptoetanol e o seu peso molecular foi estimado em 80 kd (Figura 10). Na presença de β-mercaptoetanol em SDS-PAGE, a proteína apresentou duas bandas separadas correspondentes a MW de 42 kd e 38 kd, que são designadas como subunidade A e subunidade B, respetivamente (Figura 10). A massa molecular da PFP nativa, determinada por filtração em gel em Sephadex

O peso molecular foi calculado a partir da curva padrão das proteínas de referência, que foi construída através da representação gráfica do peso molecular em função do volume de eluição na filtração em gel.

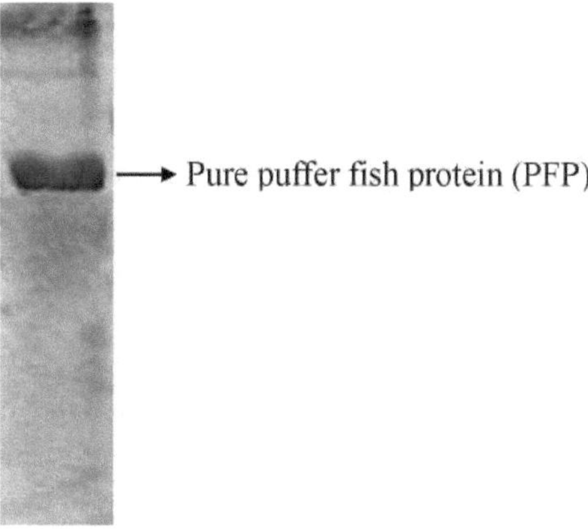

Figura 9. Padrão electroforético em gel de poliacrilamida nativa da fração F-1a^2 à temperatura ambiente num gel a 7,5 % (reagente de coloração - 1 % de negro de amido) utilizando um tampão Tris-HCl 20 mM, P^H- 8,4.

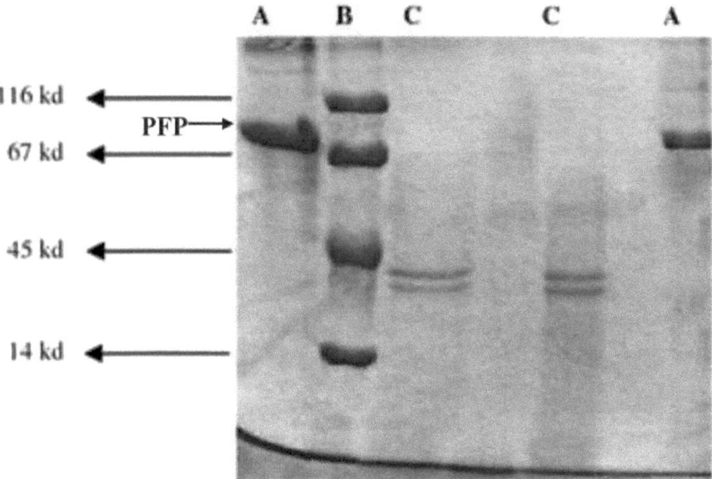

Figura 10. Determinação do peso molecular e da estrutura das subunidades da proteína (PFP) por eletroforese em gel de placas de SDS-poliacrilamida em gel a 10 % (reagente de coloração - Commassie brilliant blue) à temperatura ambiente utilizando tampão Tris-HCl 20 mM, pH- 8,4. Proteína purificada (40 µg/ml) e proteínas marcadoras (25 µg/ml).

A = Proteína purificada

B = Proteína marcadora

C = Estrutura da subunidade

2.6.8 Concentração de proteínas e teor de açúcares neutros da proteína purificada do baiacu (PFP):

A proteína, em solução aquosa, apresentou absorção máxima em torno de 279 nm e absorção mínima em torno de 245 nm (Figura-11). A absorvância de 1,0 a 280 nm corresponde a 0,72 mg de proteína, determinada pelo método de Lowry (Lowry *et al.* 1951), utilizando BSA como padrão. Este valor era ligeiramente inferior ao obtido por secagem da solução proteica sob vácuo.

O teor de açúcar neutro da proteína, determinado pelo método do ácido fenol sulfúrico, foi estimado em cerca de 0,35%.

Tabela-2: Densidade ótica (D.O.) e relação de concentração da proteína:

Absorbance at 280 nm	mg of protein obtained by drying process	mg of protein obtained by Lowry method
1.0	0.75	0.72

Figura-11: Espectro de UV da proteína do baiacu (PFP) a 280 nm.

2.6.9 Hemaglutinação e especificidade de hidratos de carbono:

A proteína aglutinou especificamente os glóbulos vermelhos do rato albino e a quantidade mínima de proteína necessária para a aglutinação visível dos glóbulos vermelhos do rato foi de 3,5 µg/ml (Figura-12). A partir destas propriedades, pode concluir-se que a proteína purificada, PFP é uma lectina na natureza e designada como **lectina de peixe-balão (PFL)**. A Tabela-4 resume os resultados do teste de inibição da hemaglutinação da PFL com açúcares haptenos. Verificou-se que a hemaglutinação induzida pela PFL foi inibida na presença de manose e de sacarídeos contendo manose.

Tabela-3: Actividades hemaglutinantes da proteína purificada (PFP) com 2% de glóbulos vermelhos do rato albino.

Protein sample	Absorbance at 280 nm	Concentra tion (mg/ml)	Degree of Hemagglu tination
PFL	0.050	0.070	3^+
	0.042	0.050	2^+
	0.025	0.035	1^+
	0.010	0.015	$\pm$
Control	0	0	—

3^+ Indica a agregação completa de quase todas as células

2^+ Indica um menor grau de aglutinação em que um menor número de células permaneceu livre.

1^+ Indica que todas as células estavam presentes em pequenos agregados de tamanhos variáveis.

+- Indica que as células principais estavam presentes em pequenos agregados.

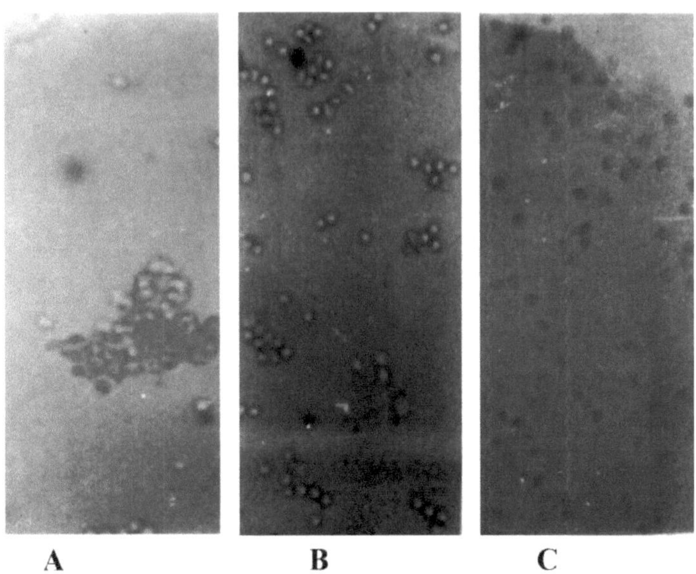

Figura- 12: Potência de aglutinação de glóbulos vermelhos de rato albino por PFL

$A = 3^+$ $\qquad$ $B = \pm$ $\quad$ **and** $\qquad$ **C = Control**

Quadro 4: Ensaio de inibição da hemaglutinação da lectina do baiacu (PFL).

Sugar	Concentration (mM)		
	Maximum	Minimum	Inhibition
D-Glucose	110	-	No Inhibition
D-Mannose	-	13	Inhibition
D-Galactose	110	-	No Inhibition
N-Acetyl D-glucosamine	110	-	No Inhibition
Methyl-α-D-galactopyranoside	110	-	No Inhibition
Methyl-β-D-galactopyranoside	110	-	No Inhibition
N-acetyl-galactosamine	110	-	No Inhibition
Methyl-αD-Mannopyranoside	-	20	Inhibition
D-glucosamine-HCl	110	-	No Inhibition

2.5.4 Mitogenicidade da proteína:

A estimulação mediada pela proteína dos linfócitos do nódulo linfático do rato foi utilizada para determinar a atividade mitogénica da proteína. Verificou-se que a estimulação foi superior a 40 vezes pela proteína purificada de peixe-balão (PFP) na concentração de 0,1 µg/ml (Figura-13).

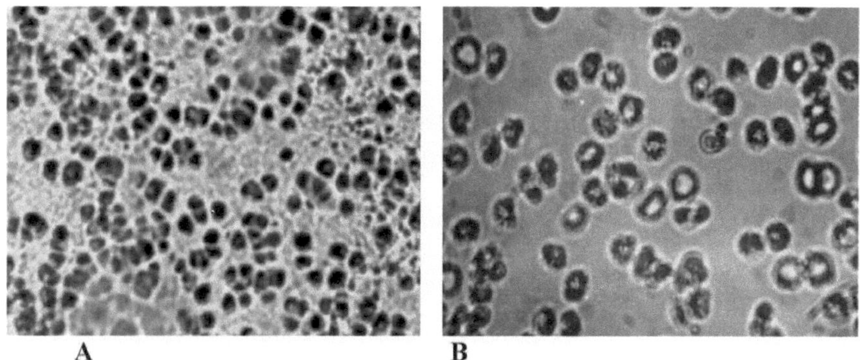

Figura 13: Transformação linfocitária de células sanguíneas de ratos albinos (A) Controlo (B) Proteína purificada (PFP) tratada.

2.5.5 Sequências N-terminais:

As sequências da subunidade A até 34 resíduos e da subunidade B até 48 resíduos foram identificadas e apresentadas nas figuras 6 e 7. Entre as sequências, não foi possível identificar as sequências de aminoácidos da posição 28 da subunidade A e das posições 21, 39, 42 e 44 da subunidade B. Além disso, a homologia das sequências N-terminais de ambas as subunidades foi comparada com as das proteínas homólogas (Figura-14 e Figura-15). A estrutura provisória da subunidade A do PFL, tal como foi obtida através da pesquisa na base de dados clustalX por alinhamento de homologia, é muito semelhante à do complexo Tph (complexo isómero de fosfato de triose e fosfoglicolidroximato) da galinha (Figura-14) (Ref. Tph 1Zhang, Z., Sugio, S., Komives, E.A., Liu, K.D., Knowles, J.R., Petsko, G.A. Ringe "Crystal structure of recombinant chicken triose phosphate isomerse phospho glycololydroxymate complex at 1.8 A, resolution, Biochemistry, 33:2830 (1994). Fonte: *Gallus gullus*).

Mais uma vez, a estrutura provisória da subunidade-B do PFL, tal como foi efectuada pela pesquisa na base de dados clustalX por alinhamento de homologia, é Nue (nucleosídeo difosfato quinase complexado) de humano (*Homo sapiens*), (Figura-15) (Ref. Morera, S., Lacombe, M.L., Xu, Y., Lebras, G., Janin. J., "X-ray structure of human nucleoside diphosphate kinase complexed with GDP at 2 A resolution. Structure, 3:1307 (1995).

Alinhamento de múltiplas sequências da subunidade A do PFL

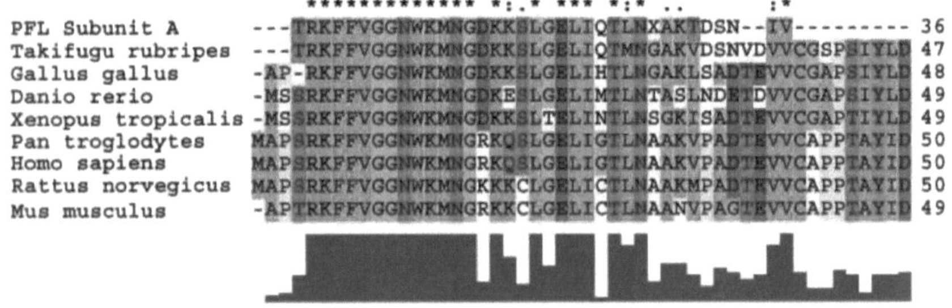

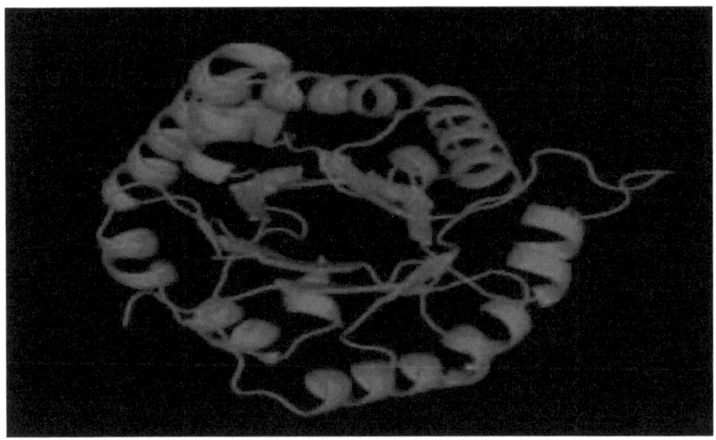

Figura- 14: Alinhamento de múltiplas sequências da subunidade B da lectina de puffer fish (PFL) e estrutura provisória por ClustalX Blast Search da base de dados de cDNA das proteínas homólogas e alinhamento de homologia com PFL-A.

Alinhamento de múltiplas sequências da subunidade B do PFL

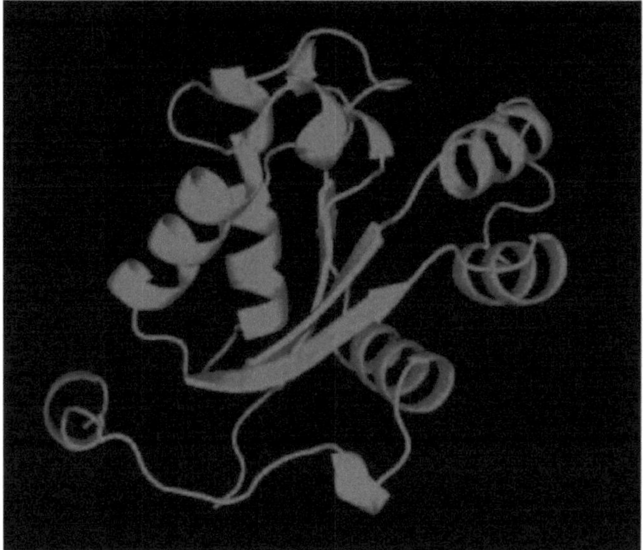

Figura 15: Alinhamento de múltiplas sequências da subunidade B da puffer fish lectin (PFL) e estrutura provisória por ClustalX Blast Search da base de dados de cDNA das proteínas homólogas e alinhamento de homologia com a PFL-B.

CAPÍTULO 3

COMPARAÇÃO ENTRE A PROTEÍNA PURIFICADA DE PUFFER FISH (PFP) E A TETRODOTOXINA.

Introdução

A tetrodotoxina é uma neurotoxina potente, que se pensa ter sido isolada apenas do peixe-balão. Tal como outras toxinas marinhas, como a toxina paralisante do marisco, o veneno diarreico do marisco e a toxina ciguaterica, a TTX é altamente tóxica para os animais, incluindo o homem, porque bloqueia seletivamente os canais de sódio sensíveis à voltagem dos tecidos excitáveis e a transmissão neural no músculo esquelético (Narahashi. 1974). O local de ligação do canal TTX-Na é extremamente apertado (Kd= 10^{-10} nM). A TTX imita o catoion de sódio hidratado, entra na boca do complexo peptídeo do canal de Na^+, liga-se a um grupo lateral do peptídeo glutamato. Como resultado, a vítima fica completamente paralisada e a morte geralmente ocorre dentro de 20 minutos a 8 horas. Tal como a TTX, a PFL também é altamente tóxica, o que se observa através de diferentes experiências toxicológicas. Este capítulo centra-se principalmente nas comparações entre a TTX e a lectina purificada de baiacu (PFL) utilizando o modelo do rato.

MÉTODOS E MATERIAIS

3.1 Estudos de citotoxicidade através do bioensaio de letalidade com artémia.

Métodos:

O bioensaio de letalidade da artémia é um desenvolvimento recente no bioensaio para os compostos bioactivos (Mclaughlin J.L 1998; Meye B.N et al. 1982). Os produtos naturais (extractos, fracções e compostos puros) podem ser testados quanto à sua bioatividade através deste método. Neste caso, o organismo zoológico simples (náuplios de artémia) é utilizado como um monitor conveniente para o rastreio e o fracionamento na descoberta de novos produtos naturais bioactivos. Este bioensaio indica a citotoxicidade, bem como uma vasta gama de actividades farmacológicas dos compostos.

O ensaio com artémia tem as vantagens de ser rápido (24 horas), económico e simples (por exemplo, não é necessária uma técnica asséptica). Utiliza facilmente um grande número de organismos para validação estatística e não requer equipamento especial, sendo suficiente uma quantidade relativamente pequena de amostra. Além disso, não requer soro animal, como é necessário para a determinação da citotoxicidade.

Materiais:

i.   Artemia salinal Leach (ovos de artémia da loja)

ii.   Sal marinho (NaCl)

iii.   Pequeno tanque e lâmpada para incubar os camarões

iv.   Pipetas (5 ml e 1   ml)

v.   Micro pipeta (10 e100 µl)

vi.   Frasco de vidro (10 ml)

vii. Lupa.

Procedimento

a. Preparação da água do mar simulada

Foram pesados 38 g de NaCl, dissolvidos num litro de água destilada e filtrados.

b. Eclosão dos camarões

A água do mar foi mantida num pequeno tanque e os ovos de camarão foram adicionados ao tanque dividido. O fornecimento constante de oxigénio foi efectuado com a ajuda de uma bomba aquática e a fonte de luz manteve a temperatura constante (cerca de 37ºC). Foram concedidos dois dias para que os camarões eclodissem e amadurecessem como náuplios.

c. Preparação da amostra:

12,5 µg de TTX e PFL foram dissolvidos separadamente em 5 ml de água destilada e utilizados para fins experimentais.

c. Aplicação da amostra em náuplios de artémia nos frascos:

Foram recolhidos frascos limpos para a TTX, o PFL e para o controlo, a fim de testar a sua toxicidade comparativa.

Foram colocados em cada um dos frascos 5 ml de água do mar com 30 náuplios de artémia. Em seguida, com a ajuda de uma micropipeta, transferiu-se um volume específico de amostras das soluções-mãe para os frascos para obter a concentração final.

Nos frascos de controlo foi utilizado o mesmo volume de água do mar.

d. Contagem dos náuplios

Após 12 e 24 horas, os frascos foram observados quanto ao número de náuplios sobreviventes em cada frasco e os resultados foram anotados.

e. Cálculo

$$\chi^2 \text{ (Chi-squire)} = \sum \frac{(Op\text{-}Ep)^2}{Ep} \sim \chi^2 \text{ (r-1) (p-1)}$$

Y= Linha de regressão OP = probit observado

EP = Probit esperado

3.2 Estudos toxicológicos

Introdução

A toxicologia é o aspeto da farmacologia que se ocupa dos efeitos adversos das substâncias bioactivas nos seres vivos, bem como do seu diagnóstico e utilização clínica. Para desenvolver e estabelecer o nível de segurança e eficácia de um novo composto, os estudos de toxicidade são uma experiência muito essencial. Nenhum composto é utilizado clinicamente sem um ensaio clínico e sem estudos de toxicidade. Os dados toxicológicos ajudam a decidir se um novo composto é ou não adotado para utilização clínica.

Tipos de toxicidade

I. Toxicidade aguda:

Os efeitos tóxicos agudos ocorrem rapidamente como resultado da exposição a uma quantidade relativamente grande do composto administrado numa dose única. A toxicidade aguda de um composto é caracterizada por reacções adversas com sintomas graves e de curta duração, que podem seguir-se à administração de uma dose única (ou de uma dose excessiva) do composto bioativo/fármaco.

II. Toxicidade subaguda:

As toxicidades subagudas são as reacções adversas que ocorrem após a administração repetida de um composto durante um período de 14-21 dias (Muller et al. 1952). O objetivo do estudo subagudo é prever os efeitos tóxicos que podem ocorrer nos animais durante a administração crónica do agente em estudo.

III. Toxicidade crónica:

A toxicidade crónica refere-se ao efeito tóxico de um composto durante um período de tempo prolongado, durante o qual os animais podem receber doses repetidas de um nível aparentemente seguro. Provoca uma acumulação lenta dos sintomas tóxicos do composto no organismo. O estudo da exposição crónica é frequentemente utilizado para determinar a carcinogenicidade e o potencial mutagénico dos medicamentos.

3.2.1 Estudos de toxicidade subaguda

Os estudos de toxicidade sub-aguda dos compostos puros foram realizados em ratos normais, administrando uma dose diária de 2,25 µg/rat/dia durante 14 dias consecutivos. Os ratos foram mantidos sob observação atenta durante todo o período de tratamento. Os seguintes parâmetros foram estudados durante este teste

A. Observação geral geral

B. Perfis hematológicos

C. Parâmetros bioquímicos do sangue

D. Histopatologia do fígado, rins, coração e pulmões.

Recolha de ratos experimentais

Para o efeito, foram recolhidos 15 ratos do mesmo sexo (macho) e idade (7 semanas) no Centro Internacional de Doenças Diarreicas e Investigação, Bangladesh (ICDDRB).

Manutenção dos ratos

Os ratos foram mantidos individualmente em gaiolas de ferro devidamente numeradas. Foi-lhes dado um alimento ideal com os seguintes ingredientes por 100 g de mistura.

Composition	Amount (g)
Ata (flour)	40
Matar dal powder	25
Skimmed milk powder	28
Soya bean oil	05
Salt mixture	01
Vitamins mixture	01

A dieta fornecida a cada rato foi de cerca de 20 g por dia, que era aproximadamente isocalórica. Os animais foram mantidos num biotério limpo com uma temperatura ambiente óptima. Os animais foram mantidos desta forma durante 15 dias antes da administração dos compostos e continuaram até ao fim da experiência.

Agrupamento de ratos

O peso dos ratos individuais foi determinado e estes foram agrupados em três grupos: A, B e C. Cada grupo contém 5 ratos. O grupo A recebeu TTX, o grupo B recebeu PFL e o grupo C recebeu apenas água como controlo.

Tabela-5: Ajustes do regime de dosagem para cada grupo de ratos.

Group	No. of rats	Average body weight (gm)	Sex	Average age (week)	Dose (i.p.) µl/rat/day
A	5	115	Male	7	300 µl containing TTX
B	5	114	Male	7	300 µl containing PFL
C	5	114	Male	7	300 µl of distilled water (control)

Preparação da solução de amostra

O TTX puro (previamente puro) e o PFL foram dissolvidos separadamente em água destilada com agitação e a conc. da amostra é de 7,5 µg/ml.

Observação geral grosseira após a administração do medicamento

Os ratos dos diferentes grupos foram injectados intraperitonealmente, de acordo com o regime de dosagem (Quadro -5), com a ajuda de uma seringa de 1 ml, enquanto o controlo recebeu apenas água.

Foram observados diariamente com muita atenção para notificar as seguintes caraterísticas:

    i.   Comportamento

    ii.   Excitação do SNC

    iii. Depressão do SNC

    iv. Ingestão de alimentos

v.   Salivação

vi.   Diarreia

vii.   Fraqueza muscular

3.2.1.1 Controlo do peso corporal

Os pesos corporais de cada rato dos grupos A, B e C foram medidos antes da administração dos compostos e no final do tratamento antes de sacrificar os animais.

3.2.1.2 Monitorização dos perfis hematológicos

Os perfis hematológicos dos ratos de controlo e experimentais foram realizados para verificar as anomalias hematológicas após a administração dos compostos purificados por via intraperitoneal. Para este efeito, foram observados os seguintes parâmetros:

i.   Contagem total de R.B.C,

ii.   Contagem total de W.B.C,

iii.   Contagem diferencial de W.B.C,

iv.   Contagem de plaquetas,

v.   Percentagem de hemoglobina e

vi.   E.S.R. (velocidade de sedimentação eritrocítica)

Procedimento:

(i)   Foi colhido sangue das veias da cauda do rato antes do início da administração do composto.

(ii)   Foram efectuados esfregaços de sangue em lâminas de vidro e corados com o reagente de Leishman para efetuar a contagem de CT, DC e plaquetas. Com a utilização de tubos capilares, foi colhido sangue de cada rato para estimar a percentagem de hemoglobina pelo método de Van Kampen-Zijlstra, que é o estudo pré-hematológico em ratos normais.

(iii)   Os compostos puros foram administrados regularmente por via intraperitoneal aos ratos dos grupos A e B, respetivamente, enquanto o grupo C recebeu apenas o veículo.

(iv)   Os estudos pós-hematológicos foram efectuados nos dias 7 [th] e 14 [th] após
o início da administração do fármaco, seguindo o mesmo procedimento
que o efectuado em ratos normais.

3.2.1.3 Controlo dos parâmetros bioquímicos do sangue

Os parâmetros bioquímicos, como a SGOT (transaminase sérica de glutamato-oxaloacetato), a SGPT (transaminase sérica de glutamato-piruvato), a SALP (fosfatase alcalina sérica) e a bilirrubina sérica, estão associados ao estado do fígado, enquanto os níveis séricos de creatinina e ureia estão associados ao funcionamento dos rins. Os níveis séricos destes parâmetros alteram-se com as alterações patológicas destes órgãos. Em caso de necrose hepática, cirrose e iterícia obstrutiva, o nível sérico de SGOT e SGPT pode aumentar até 200 UI/L. Se um composto tiver qualquer efeito nos rins, podem ocorrer várias alterações patológicas e, em última análise, o nível sérico destes parâmetros pode alterar-se.

I. Provas de função hepática:

    i.   SGOT

    ii.   SGPT

    iii. SALP e

    iv.   Bilirrubina sérica

II. Testes de função renal:

    i.   Creatinina e

    ii.   Ureia

O teste foi efectuado utilizando o procedimento e os reagentes descritos no Boehrienger Mannheim GmbH Diagnostic (Ehrhardt,. Bochringer Mannheim GmbH, 1989).

Procedimento:

A. Colheita de soro:

No 14.º dia de tratamento com os compostos, os ratos dos grupos experimental e de controlo foram sacrificados com uma lâmina cirúrgica n.º 22 e o sangue foi recolhido em tubos de centrifugação de plástico. Estes foram então deixados a coagular a 40 °C durante 4 horas. Após a coagulação, as amostras de sangue foram centrifugadas a 4000 rpm durante 15 minutos, utilizando uma centrífuga WIFUNG LABOR-50M. O soro claro cor de palha foi então recolhido em frascos com uma pipeta Pasteur e armazenado a 20 °C.

B. Análise do conteúdo enzimático do soro:

As enzimas, SGOT, SGPT, SALP, a creatinina sérica e a ureia foram determinadas de acordo com os procedimentos e com os reagentes descritos na Boehringer Mannheim GmbH Diagnostica.

3.2.1.4 Histopatologia do fígado, rim, coração e pulmão

A histopatologia do fígado, rim, coração e pulmões foi realizada para observar quaisquer alterações nas estruturas celulares (degradação e regeneração) dos ratos após receberem TTX purificado e PFL na dose de 2,25 µg/rat/dia durante 14 dias consecutivos em relação ao grupo de controlo.

Reagentes:

i. Formalina (10%)
ii. Álcool absoluto (etanol)
iii. Parafina
iv. Xileno
v. Fluido de montagem D.P.X.
vi. Coloração de Harris com hematoxilina e eosina

Procedimentos:

A. Recolha e processamento dos tecidos:

Foram colhidos o fígado, os rins, o coração e os pulmões de diferentes grupos de ratos tratados e de controlo. Após o sacrifício do rato no $14°$ dia de observação, os tecidos foram cortados em pedaços com alguns mm de espessura cada. Os tecidos cortados foram então imersos em formalina a 10% durante três dias. Em seguida, os tecidos foram desidratados em etanol e incluídos em parafina. Os blocos foram seccionados com a ajuda de um micrótomo rotativo com uma espessura de 6 mícrones.

B. Coloração:

As secções foram desparafinizadas por duas mudanças de xileno (5 min cada) e hidratadas em álcool (2-3 min cada) e depois limpas em xileno (5 min cada).

C. Montagem:

As lâminas de vidro que continham os tecidos foram limpas, secas e, em seguida, foi colocada uma gota de bálsamo do Canadá na secção e a lamela foi cuidadosamente colocada sobre ela. Nas secções, formou-se uma película fina entre a lamela e a lâmina com o meio de montagem (bálsamo do Canadá) para as fixar.

D. Imagens microscópicas de fluorescência:

O exame histopatológico foi efectuado num microscópio de grande ampliação e foram tiradas fotografias. A histopatologia foi efectuada para observar as alterações nas estruturas morfológicas celulares. As lâminas de vidro que continham os tecidos foram limpas, secas e uma gota de bálsamo do Canadá foi colocada na secção e a lamela foi colocada suavemente sobre ela. As imagens microscópicas de fluorescência foram registadas num microscópio AxioPlan 2 (Zeiss) equipado com uma objetiva αPlan-FLUAR 100x/1,45 Oil e uma câmara AxioCam MRm (Zeiss) à temperatura ambiente. O contraste foi ajustado linearmente utilizando o software de aquisição de imagens AxioVision 4.8 (Zeiss).

3.3 Estudo biológico

Atividade antibacteriana *in vitro*

A atividade antibacteriana dos compostos purificados pode ser medida *in vitro* através de várias técnicas, mas o método de difusão em disco é amplamente aceite para a avaliação preliminar da atividade antimicrobiana (Bauer A. W et al. 1966). A técnica de difusão em disco é essencialmente um teste qualitativo ou semi-quantitativo que indica a sensibilidade ou a resistência dos microrganismos ao material testado. No entanto, este método não permite distinguir entre atividade bacteriostática e bactericida.

Princípio do método de difusão

O ensaio de difusão baseia-se na capacidade dos antibióticos para se difundirem a partir de uma fonte confinada através do gel de ágar nutriente e criarem um gradiente concentrado (Barry, A. L 1976). Se o ágar for semeado ou semeado com um organismo sensível, surgirá uma zona de inibição onde a concentração excede a concentração inibitória mínima (CIM) para o organismo em causa.

Materiais:

1. Disco de papel de filtro (diâmetro, 5mm.)
2. Petrídeos
3. Tubo de ensaio
4. Anel de inoculação
5. Bico de Bunsen
6. Pinças esterilizadas
7. Algodão esterilizado
8. Unidade de fluxo de ar laminar
9. Micropipeta (10μ, 100 μl)
10. Autoclave

11. Incubadora

12. Frigorífico

13. Solvente (metanol, acetato de etilo)

14. Ágar nutriente

Organismos de teste

Foram utilizadas estirpes de bactérias gram-positivas e gram-negativas como organismos de teste para observar a atividade antibacteriana dos compostos. As estirpes bacterianas utilizadas para esta investigação estão enumeradas na Tabela-6. Estes organismos foram recolhidos do laboratório de microbiologia do Departamento de Farmácia, R.U.

Quadro 6: Lista de bactérias patogénicas testadas

Type of bacteria	Name of specific pathogenic bacteria
Gram-positive	*Bacillus subtilis* *Staphylococcus aureus*
Gram-negative	*Shigella sonnei* *Shigella dysenteriae* *Shigella flexinerie* *Escherichia coli*

Procedimento

(a) Composição e preparação dos meios de cultura

Os meios de ágar nutriente são mais frequentemente utilizados para demonstrar a atividade antibacteriana e para fazer subcultura dos organismos testados. A composição dos meios de ágar nutriente é apresentada a seguir.

Composição dos meios de cultura em ágar nutriente

Ingredient	Amounts
Bacto peptone	0.5 g
Sodium chloride	0.5 g
Bacto yeast extract	g
Bacto agar	2.0 g
Distilled water	100 ml
P^H	7.2 ± 0.1 at 25°C

O meio instantâneo de ágar nutriente foi pesado com exatidão e depois reconstituído com água destilada num erlenmeyer de acordo com a especificação (2,3%). Em seguida, foi aquecido num banho de água para dissolver o ágar até se obter uma solução clara do meio. O meio foi então transferido para placas preparadas e para slants, respetivamente, num número de tubos de ensaio necessários, respetivamente. Estes slants foram utilizados para fazer novas culturas de microrganismos, que, por sua vez, foram utilizadas para o teste de sensibilidade. Os tubos de ensaio foram então tapados com algodão e esterilizados num autoclave a uma temperatura de 121 °C e a uma pressão de 15 lbs/sq inch durante 15 minutos.

(b) Preparação da subcultura:

Com a ajuda de uma ansa de inoculação, os organismos de teste da cultura pura foram transferidos para as placas de ágar em condições assépticas. Os slants inoculados foram então incubados a 37OC durante 18-24 horas para assegurar o crescimento dos organismos de teste. Esta cultura foi utilizada para o teste de sensibilidade.

(c) Preparação das placas de ensaio:

O organismo testado foi transferido da subcultura para o tubo de ensaio contendo 20 ml de meio estéril com a ajuda de uma ansa de inoculação numa área asséptica. O tubo de ensaio foi bem agitado por rotação para obter uma suspensão uniforme. As suspensões bacterianas foram imediatamente transferidas para as placas de Petri esterilizadas, numa zona asséptica, de modo a obter uma profundidade uniforme do meio (cerca de 4 mm). As placas de Petri foram rodadas várias vezes, primeiro no sentido dos ponteiros do relógio e depois no sentido contrário, para assegurar uma distribuição homogénea dos organismos de ensaio e foram mantidas num frigorífico.

(d) Preparação dos discos:

(i) Discos de amostragem:

Os discos de papel de filtro (5 mm de diâmetro) foram esterilizados e autoclavados a 121°C e 15 lbs/sq inch de pressão durante 15 minutos. 10µl de cada solução de amostra foram aplicados assepticamente em cada disco com uma micropipeta. TTX e PFL (5µg) foram dissolvidos em 1ml de metanol.

(ii) Discos de controlo:

Os discos de controlo foram preparados da mesma forma, aplicando apenas solvente aos discos para determinar os efeitos antibacterianos dos solventes utilizados.

(iii) Discos normalizados:

A canamicina-K (30µgMisc) foi utilizada como amostra padrão.

(e) Colocação dos discos, difusão e incubação:

Os discos de amostra, os discos de antibiótico padrão e os discos de controlo foram colocados suavemente nas placas de ágar solidificadas, recentemente semeadas com o organismo em estudo, com a ajuda de uma pinça estéril para assegurar um contacto completo com a superfície do meio. A disposição espacial dos discos foi efectuada de modo a que os discos não se aproximassem mais de 15 mm do bordo da placa, para evitar a sobreposição da zona de inibição. As placas foram então invertidas e mantidas num frigorífico durante cerca de 24 horas a 40C para obter a difusão máxima. Finalmente, as placas foram incubadas a 37OC durante 12-18 horas.

(f) Determinação da atividade antibacteriana:

Após a incubação, a atividade antibacteriana das amostras testadas foi determinada medindo o diâmetro da zona inibitória em mm.

RESULTADOS

3.4 Estudos de citotoxicidade

Bioensaio de letalidade da artémia

Os dados relativos à dose e à mortalidade foram analisados estatisticamente através da análise probit e da regressão linear utilizando o software desenvolvido. A eficácia ou a relação dose-mortalidade (relação concentração-mortalidade) de qualquer amostra é normalmente expressa como um valor de concentração letal mediana (LC_{50}). Este valor representa a concentração do composto que produz a morte em metade dos indivíduos testados após um determinado período de exposição.

A partir da investigação do bioensaio de letalidade da artémia (Tabela-7), verificou-se que o composto tóxico TTX é mais tóxico, com um LC_{-50} de 1,82 e $\lambda^2 = 1,99$ (Figura-16), enquanto o PFL é ligeiramente menos tóxico do que o TTX, com um LC_{-50} de 2,764 e $\lambda^2 = 1,093$ (Figura-17).

Tabela-7: Efeito da TTX e do PFL na mortalidade de náuplios de artémia após 24 horas.

Sample	Conc. of sample µg/ml	Log conc.	No. of nauplii used	No. of nauplii death	% of mortality	Probit unit	LC_{50} µg/ml	λ^2
TTX	2.5	0.398	30	19	63.33	5.19		
	5	0.699	30	24	80	5.94	1.823	1.992
	7.5	0.999	30	28	93.33	6.19		
PFL	2.5	0.398	30	15	50.00	4.16		
	5	0.699	30	21	68.66	5.72	2.764	1.093
	7.5	0.999	30	23	76.66	5.86		

A partir da observação, verificou-se que a gravidade da toxicidade da tetrodotoxina (TTX) e da PFL aumentou com o aumento da concentração da amostra. A uma concentração mais elevada (15μg/ml), todos os náuplios estavam mortos, mas a uma concentração muito baixa, observou-se que a toxicidade diminuía sequencialmente. Além disso, verificou-se que a toxicidade das toxinas purificadas, TTX e PFL, era muito mais elevada do que a do extrato bruto de peixe.

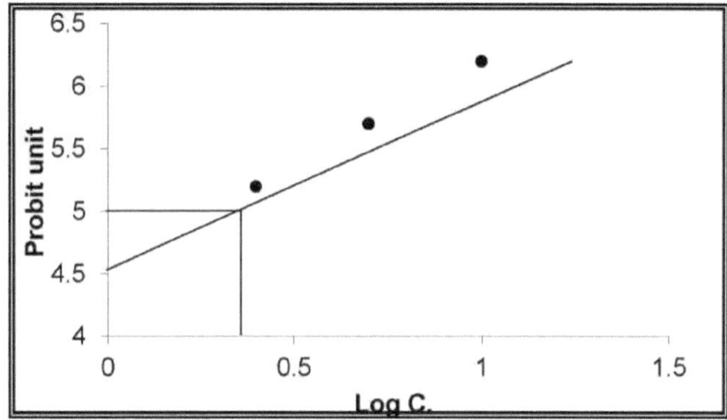

Figura 16: Determinação da LC50 da TTX contra náuplios de artémia.

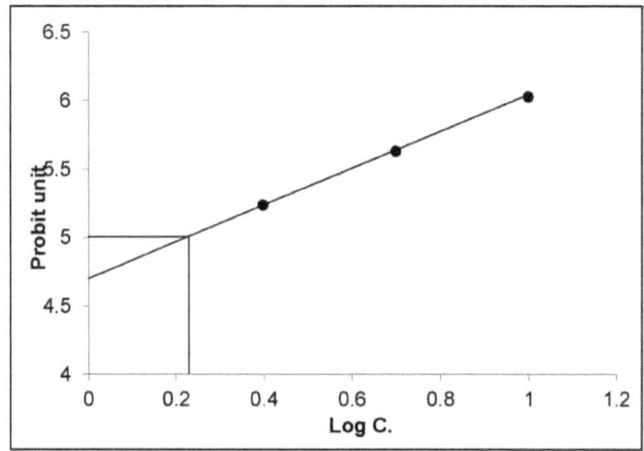

Figura 17: Determinação da LC50 do PFL contra náuplios de artémia.

3.5 Estudos de toxicidade subaguda

3.5.1 Observação geral bruta

Os ratos experimentais do grupo A e do grupo B apresentaram sinais de tremores, convulsões e anomalias dos reflexos, bem como paralisia muscular. Também se observou dormência muscular nas patas traseiras e nas quatro patas, bem como salivação. Além disso, verificou-se que a ingestão de alimentos por dia era muito inferior à do grupo de controlo. Por outro lado, os ratos do grupo de controlo não apresentaram quaisquer anomalias e a sua ingestão de alimentos também se manteve normal.

3.5.2 Monitorizar as alterações do peso corporal

Como se mostra no Quadro 8, as alterações do peso corporal registadas antes e depois da administração da toxina purificada e da proteína foram consideradas estatisticamente significativas.

Tabela-8: Alterações no peso corporal dos ratos de controlo, tratados com TTX e PFL após administração intraperitoneal

Group	Dose µl/rat /day	Body weight (g) before administration n=4, M±SD	Body weight (g) after administration n=4, M±SD	% of change	t_C	t_S	Remark
A	300µl TTX	123 ± 0.5	103 ± 0.5	16.26 (-)	10.68	12.26	S
B	300µl PFL	121.5 ± 1.25	109.5 ± 1.20	10.99 (-)	6.25	12.26	S
C	300µl Water	114 ± 1.58	115 ± 1.87	8.77 (+)	0.580	2.557	NS

tc indica o valor calculado; ts indica o valor t ao nível de significância de 5%; M - valor médio da amostra; SD- desvio padrão; n- número de ratos; NS- não significativo e Ssignificativo.

Verificou-se que o peso corporal dos ratos tratados com TTX diminuiu cerca de 16,26%, enquanto o dos ratos tratados com PFL diminuiu 10% em comparação com o seu peso inicial. Por outro lado, o peso corporal dos ratos de controlo aumentou cerca de 9%.

3.5.3 Perfis hematológicos

Os perfis hematológicos, como a contagem total de eritrócitos e leucócitos, a contagem diferencial de leucócitos, a contagem de plaquetas e a percentagem de hemoglobina foram estudados antes do tratamento, após 7 [th] e 14 [th] dias de períodos experimentais. Os resultados foram apresentados na Tabela - 9 e 10 para os ratos de controlo, tratados com TTX e PFL, respetivamente.

Tabela-9: Perfil hematológico do Grupo-C (Rato tratado com veículo)

Hematological parameters		Normal rat	Treated with vehicle	
		1st day M± SD	7th day M± SD	14th day M± SD
i. Total RBC count (million/cc)		5.02 ± 0.10	4.925 ± 0.08	4.91 ± 0.1
ii. Total WBC count (no/cc)		6.52 ± 0.149	6.12 ± 0.178	6.05 ± 0.229
iii. Differential count of WBC in %	a. Neutrophil	63.4 ± 1.87	64 ± 1.41	63.6 ± 0.70
	b. Lymphocyte	33.05 ± 2.04	32.95 ± 1.08	32.75 ± 0.82
	c. Monocyte	0.75 ± 0.43	0.76 ± 0.25	0.74 ± 0.90
	d. Eosinophil	2.75 ± 0.80	2.73 ± 0.5	2.74 ± 0.25
iv. Platelet count no/cc (thousand)		335 ± 1.24	337 ± 1.12	336 ± 1.16
v. Hemoglobin (%)		65.25 ± 0.829	64 ± 0.707	63.25 ± 0.829
vi. ESR (mm/1st hour)		11.25 ± 1.299	11.75 ± 1.299	11.75 ± 0.829

Tabela -10: Perfil hematológico do Grupo-A e do Grupo-B (Rato tratado com TTX e PFL)

Hematological parameters	Normal rat	Treated with TTX		Treated with PFL	
	1st day M ± SD	7th day M ± SD	14th day M ± SD	7th day M ± SD	14th day M ± SD
i. Total RBC count (million/cc)	5.05 ± 0.05	3.60 ± 0.05	2.40 ± 0.25	3.65 ± 0.25	3.075 ± 0.50
ii. Total WBC count (no/cc)	6.525 ± 0.51	5.80 ± 0.10	5.07 ± .005	6.02 ±1.20	5.275 ± .025
iii. Differentialcount of WBC in % — a. Neutrophil	63.5 ± 2.29	60.2 ± 0.05	57.5 ± 0.50	61.5 ± 1.25	59.75 ± 0.25
b. Lymphocyte	33 ±2.121	31.20 ± 0.05	25.05 ±0.20	30.75 ± 1.25	26 ± 0.50
c. Monocyte	0.75 ± 0.433	0.55 ± 0.25	0.52 ± 0.025	0.50 ± .025	0.51 ± .025
d. Eosinophil	2.75 ± 0.829	2.12 ± 0.005	2.05 ± 0.025	2.325 ±0.125	2.08 ± .075
iv. Platelet count no/cc	335 ± 1.25	352 ± .52	367 ± 05	350 ± .52	363.25 ± 1.25
v. Hemoglobin %	65 ± 3.24	61.75 ± 3.34	60.2 ± 4.898	64.3 ± 0.25	64.0 ± 0.25
vi. ESR (mm/1st hour)	11.25 ± 1.29	13.5 ± 1.25	16.5 ± 1.20	12.75 ± 0.25	14.16 ± .50

A partir dos dados experimentais, verificou-se que os perfis hematológicos, tais como hemácias, leucócitos, % de hemoglobina e contagem diferencial de leucócitos dos ratos tratados com TTX e PFL, diminuíram após os períodos experimentais, enquanto esses parâmetros dos ratos do grupo de controlo permaneceram mais ou menos muito semelhantes. Por outro lado, a ESR e as plaquetas aumentaram nos ratos tratados com compostos tóxicos, mas os dos ratos de controlo permaneceram quase inalterados.

3.5.4 Controlo dos parâmetros bioquímicos

Os parâmetros bioquímicos do sangue, por exemplo, SGOT, SGPT, SALP, bilirrubina sérica, creatinina sérica e níveis de ureia do soro sanguíneo de ratos foram determinados após a administração do composto tóxico purificado TTX e PFL numa dose de 2,25 µg/rat/dia durante 14 dias consecutivos. Verificou-se que, após a administração dos compostos, todos os parâmetros examinados aumentaram significativamente em comparação com os do grupo de controlo (Tabela - 11 e 12).

Tabela-11: Efeito da TTX em alguns parâmetros bioquímicos do sangue de ratos após administração i.p. de 2,25 µg/rat/dia durante 14 dias consecutivos.

Biochemical parameters	Group-C, n = 4 $M_1 \pm SD_1$	Group-A, n = 4 $M_1 \pm SD_1$	% of change	t_c	t_s	Remark
SGPT (IU/L)	8.75 ± 0.82	10 ± 0.50	14.28	2.31	12.26	S
SGOT (IU/L)	10 ± 0.70	11.70 ± 0.50	17	3.14	12.26	S
SALP (IU/L)	0.48 ± 0.027	0.57 ± 0.075	16.58	2.69	12.26	S
Serum bilirubin (m mol/L)	0.317 ± .048	0.38 ± 0.025	19.87	2.03	12.26	S
Creatinine (mg %)	0.571 ± .018	0.62 ± .075	8.77	2.65	12.26	S
Urea (mmol/L)	17.75 ± 0.84	21.25 ± .05	21.25	6.15	12.26	S

Tabela-12: Efeito do PFL em alguns parâmetros bioquímicos do sangue de ratos após administração i.p. de 2,25 µg/rat/dia durante 14 dias consecutivos.

Biochemical parameters	Group-C, n = 4 $M_1 \pm SD_1$	Group-A, n = 4 $M_1 \pm SD_1$	% of change	t_c	t_s	Remark
SGPT (IU/L)	8.75 ± 0.82	9.70 ± 0.25	10.85	1.76	9.31	S
SGOT (IU/L)	10 ± 0.70	11.5 ± 0.50	15	3.03	9.31	S
SALP (IU/L)	0.48 ± 0.027	0.55 ± 0.04	12.75	3.66	9.31	S
Serumbilirubin (m mol/L)	0.317 ± .048	0.33 ± .075	6.45	0.624	9.31	S
Creatinine (mg %)	0.571 ± .018	0.61 ± 0.75	7.01	0.825	9.31	S
Urea (mmol/L)	17.75 ± 0.84	18.5 ± 0.50	4.51	5.71	9.30	S

"S" indica significância

A partir dos dados experimentais, verificou-se que a quantidade de SGPT, SGOT e

SALP, bilirrubina, creatinina e ureia no soro de ratos tratados com PFT-1 aumentou em 14,28%, 17%, 16,58%, 19,87, 8,77% e 21,25%. Enquanto as taxas tratadas com PFL foram aumentadas em 10,85%, 15%, 12,75%, 6,54%, 7,01% e 4,51% em comparação com a quantidade daqueles presentes no soro de ratos de controlo, respetivamente.

3.5.5 Efeito da TTX e do PFL nos tecidos de ratos (exames histopatológicos)

Os exames histopatológicos do fígado, rim, coração e pulmão dos ratos de controlo e experimentais foram realizados após a administração intraperitoneal de água ao grupo de controlo e à TTX e PFL (300 µl contêm 2,25 µg de toxina/rato/dia) durante 14 dias consecutivos. Foram observadas diferenças histopatológicas detectáveis notáveis entre os órgãos dos ratos de controlo (Figuras 18, 19, 20 e 21), TTX e tratados com proteínas tóxicas. Pode observar-se a partir das fotografias que os tecidos como o rim, o fígado, o pulmão e o coração do rato de controlo não sofreram alterações e não houve congestão dos vasos sanguíneos, inflamação celular e necrose. Por outro lado, todos os tecidos dos ratos tratados com TTX e PFL (proteína) foram gravemente afectados. A gravidade de todos estes sintomas foi ainda mais agravada quando os ratos experimentais foram injectados com doses mais elevadas. Notavelmente, verificou-se que todos os ratos experimentais morreram dentro de 24 horas a uma dose de 25µg/ml por TTX e PFL. A gravidade das alterações observadas nos diferentes tecidos está resumida na Tabela 13.

Quadro-13: Efeito da TTX e da PFL (lectina de baiacu) nos tecidos de ratos.

Conc. of protein (μg/ml)	Tissue	Types of effectiveness	
		TTX treated	**Protein (PFL) treated**
7.5	Liver	Severe congestion of blood vessels, evids, deposition of fat in the hepatocyte. No inflammation and necrosis	Mild congestion of blood vessels, accumulation of fat within the hepatocyte. No inflammation and necrosis.
	Heart	Necrosis, inflammation, mild congestion of blood vessels and complexities in the cardiac system, accumulation of fat within cardiovascular cells.	Necrosis, congestion of blood vessels and complexities in the cardiac system.
	Kidney	Inflammation, stromal edema, vascular congestion and mild fatty change. Cells are blocked off.	Inflammation, stromal edema, mild congestion of blood vessels.
	Lung	Mild congestion of blood vessels, inflammation and deposition of fat.	Mild congestion of blood vessels, inflammation and deposition of fat.
Control (300 μL of distilled water injected intraperitoneally	All the tissues		No inflammation, necrosis, stromal edema and congestion of blood vessels of the liver, lung, heart and kidney.

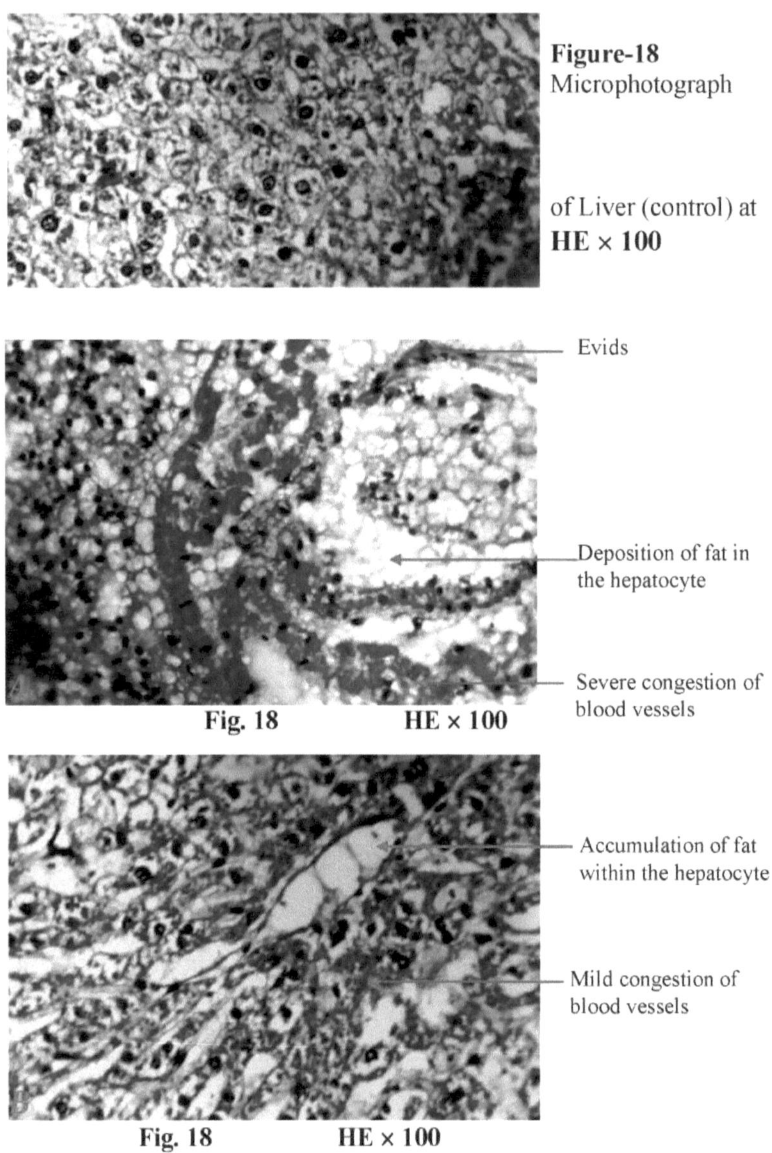

Figura 18: Microfotografia mostrando as alterações histopatológicas do fígado de ratos injectados intraperitonealmente com 7,5 pg/ml de TTX e PFL. **A**: tratado com TTX e **B**: tratado com PFL

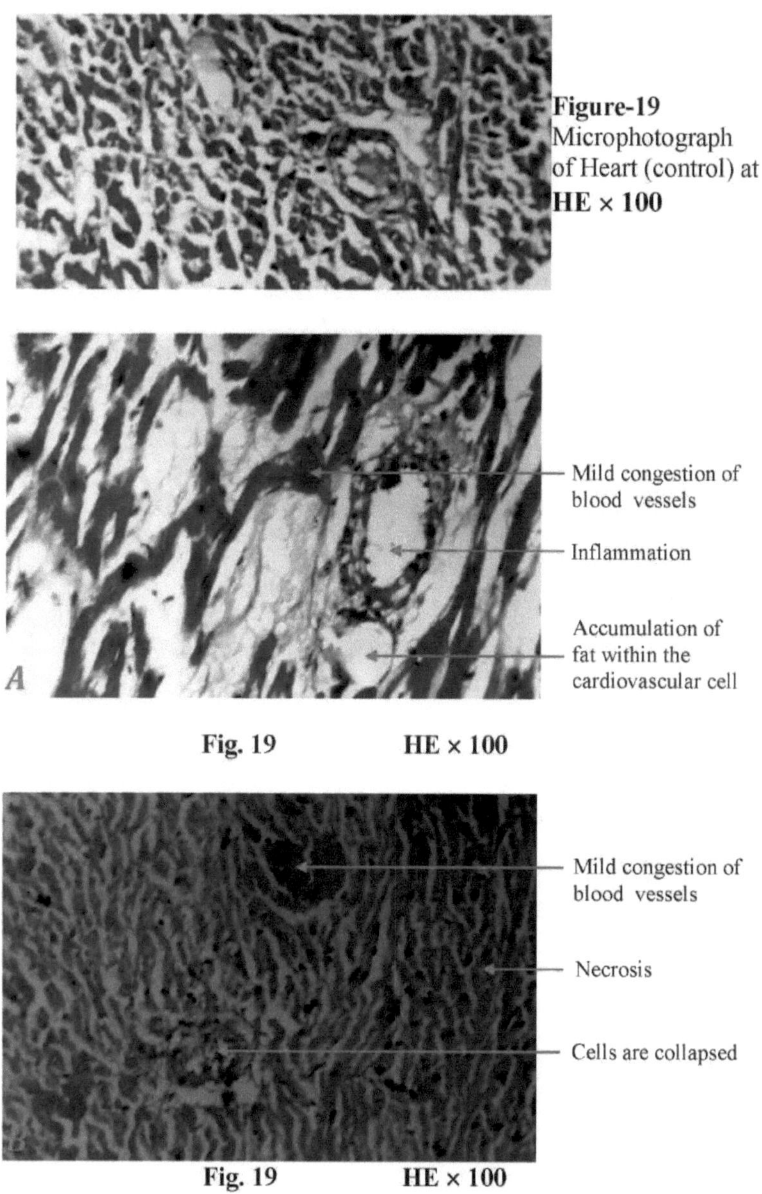

Figura 19: Microfotografia mostrando alterações histopatológicas do coração de rato injetado intraperitonealmente com 7,5 µg/ml de TTX e PFL. **A:** tratados com TTX e **B:** tratados com PFL

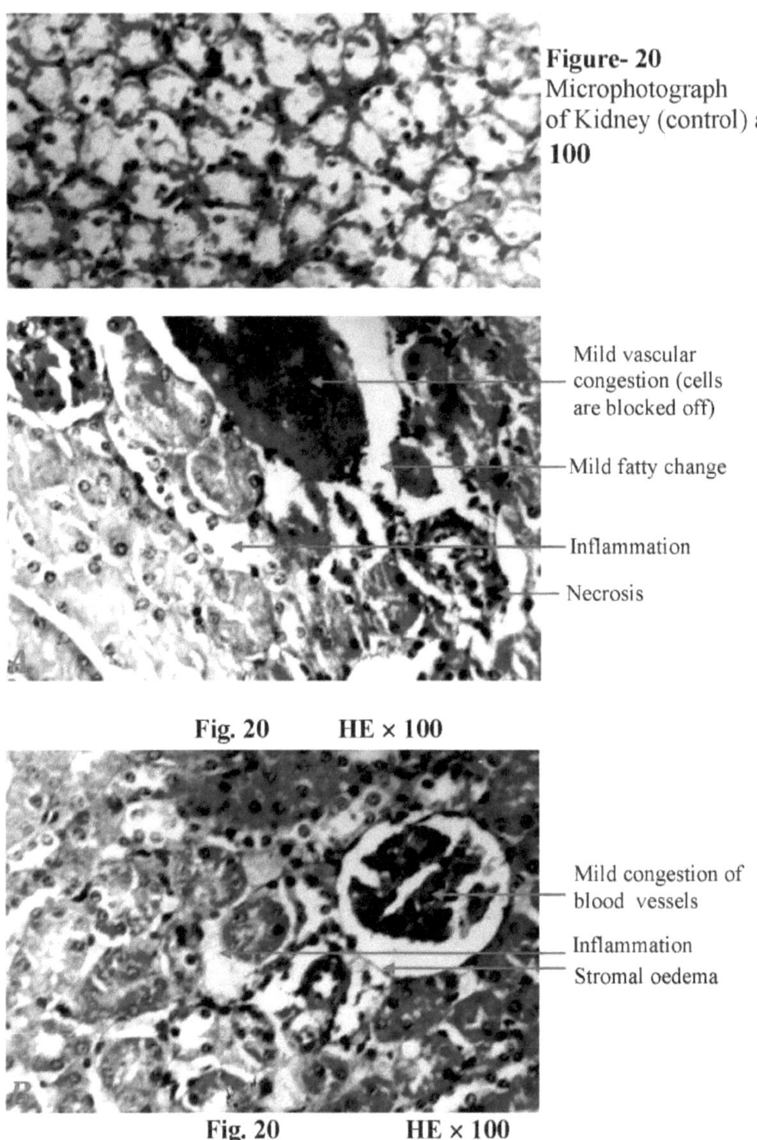

Figura 20: Microfotografia mostrando as alterações histopatológicas do rim de ratos injectados intraperitonealmente com 7,5 µg/ml de TTX e PFL. **A:** tratado com TTX e **B:** tratado com PFL

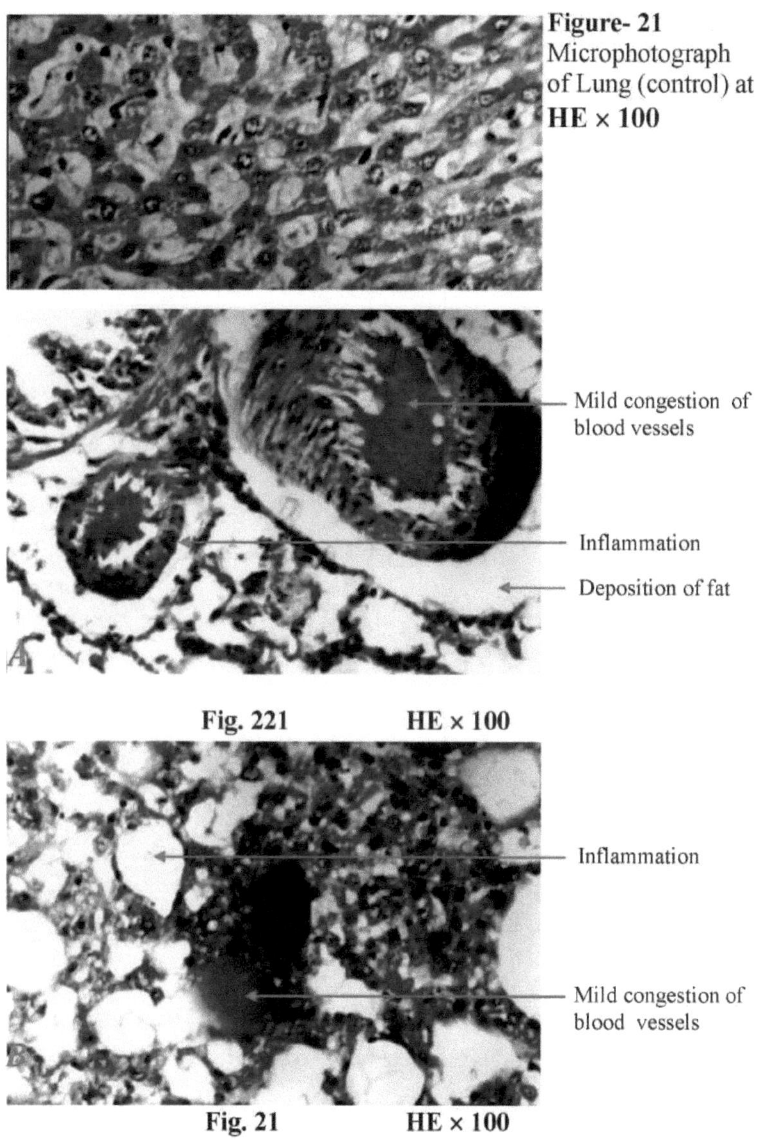

Figura-21: Microfotografia mostrando as alterações histopatológicas do pulmão de rato injetado intraperitonenealmente com 7,5 µg/mL de TTX e PFL.

A: tratado com TTX e **B:** tratado com PFL

3.6 Trabalho biológico:

Atividade antibacteriana in-vitro

As toxinas, TTX e PFL, foram testadas quanto à atividade antibacteriana contra bactérias gram positivas e gram negativas neste estudo e o antibiótico kanamicina-k foi utilizado como padrão para comparação. Como se pode ver na Tabela 14, tanto as toxinas (Figura-22) como a proteína (Figura-23) não apresentaram atividade antibacteriana.

Tabela 14: Atividade antibacteriana in vitro dos compostos, TTX e PFL.

Name of Bacteria	Diameter of the zone of inhibition (mm)		
	TTX (300 µg/disc)	PFL (300 µg/disc)	Kanamycin (30 µg/disc)
Gram-positive			
Bacillus subtilis	NS	NS	21
Staphylococcus aureus	NS	NS	17
Gram-negative			
Shigella sonnei	NS	NS	19
Shingle dysenteriae	NS	NS	17
Shigella flexinerie	NS	NS	17
Escherichia coli	NS	NS	19

"NS" indica ausência de sensibilidade

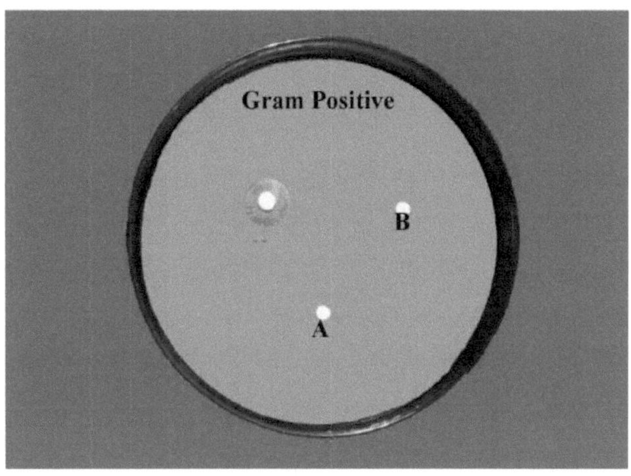

Figura- 22: Atividade antibacteriana contra bactérias gram positivas. K = Kanamicina (antibiótico) zona A = TTX e B = PFL

Figura 23: Atividade antibacteriana contra bactérias gram-negativas. K = Kanamicina (antibiótico) zona A = TTX e B = PFL

CAPÍTULO 4

DISCUSSÃO

O peixe-balão armazena uma elevada concentração de tetrodotoxina (TTX), uma poderosa neurotoxina que pode causar a morte em cerca de 60% das vítimas. Foi purificada uma proteína de ligação à TTX a partir do plasma do baiacu Kusafugu (*Taleifugu niphobles*). No presente estudo, foi isolada e purificada uma proteína específica da manose a partir do extrato bruto da porção ventral do baiacu, utilizando diferentes técnicas bioquímicas. A proteína apresentou uma coloração amarelo-alaranjada na presença de ácido fenol-sulfúrico, o que indica que se trata de uma glicoproteína e que o teor de açúcares neutros da proteína é de apenas cerca de 0,35%.

A proteína era de natureza lectina (que foi designada como PFL), uma vez que aglutinava especificamente glóbulos vermelhos de rato. Além disso, a aglutinação de glóbulos vermelhos de ratazana pela proteína foi inibida especificamente na presença de manose e seus derivados, indicando que a proteína purificada do baiacu é específica da manose. Esta conclusão foi ainda confirmada pelos dados de que a proteína foi finalmente purificada por cromatografia de afinidade em ConA-Sepharose, que é específica para a ligação de proteínas contendo manose.

A proteína apresentou uma única banda e o seu peso molecular foi estimado em 80 kd por SDS-PAGE na presença de desnaturante, mas na presença de 0,1% de SDS e 0,5% de β-mercaptoetanol, a proteína apresentou duas subunidades correspondentes a MW de 42 kd e 38 kd, indicando que a proteína é heterodimérica por natureza e que as subunidades são mantidas juntas por ligação dissulfureto.

O envenenamento de peixes pelo consumo de membros da ordem dos Tetraodontoformes é uma das intoxicações mais violentas de espécies marinhas. Os nossos dados actuais sugerem que o peixe potca contém não só toxinas, mas também proteínas com propriedades tóxicas.

Um alinhamento das sequências N-terminais das subunidades A e B da proteína específica da manose purificada do baiacu com as das proteínas homólogas como *Takifugu rubripes* (Gene FRU P00000156180), *Danio rerio* (ENSDARG00000025012), *Xenopus tropicalis* (Gene XT10760), *Pan troglodytes* (GeneENSPTRG00000004595), *Mus musculus* (Gene ENSMUSG00000020857)*Homo sapiens* (Hsap2, Gene TP11), *Homo sapiens* (Hsap1, Gene HIX0010385.1.1), *Homo sapiens* (Hsap0, Gene ENSG00000111669) e *Ratts norvegicus* (Gene ENSRNOG 00000026439) foram comparadas e os resultados são apresentados nas fig. 6 e 7. As sequências N-terminais de ambas as subunidades de PFP mostraram um grau mais elevado de homologia de sequência com as proteínas homólogas previamente comunicadas.

A semelhança global é muito elevada. Utilizando as sequências de aminoácidos N-terminais da subunidade A e B da PFL como consulta, foi efectuada uma pesquisa ClustalX Blast na base de dados de cDNA das proteínas homólogas. As sequências N-terminais da subunidade A (resíduos 1-35) e da subunidade B (resíduos 1-48) são idênticas às das proteínas FRU P00000156180, 88% e 85% , ENSDARG00000025012, 86% e 83%, Gene XT10760, 73% e 70%, ENSPTRG00000004595, 73% e 72%, Gene ENSMUSG00000020857, 75% e 11%, Gene TP11, 73% e 75% , Gene HIX0010385.1.1, 73% e 75% , Gene ENSG00000111669, 73% e 75% e Gene ENSRNOG 00000026439, 71% e 75%, respetivamente.

Mais recentemente, algumas lectinas de peixes foram purificadas em diferentes laboratórios. Uma lectina denominada Katsuwonus pelamis (KPL) foi purificada a partir de ovas duras de atum Skipjack (Jung, W.k., Park, P.J., Kim, S.K, 2003). Esta lectina é uma homolectina com um peso molecular de 140 000 e a sua atividade, ou seja, a aglutinação, é inibida por D-galactose, Lactose, N-acetil-D-galactosamina, etc.

As proteínas anticongelantes (AFP) foram purificadas a partir da tintureira arco-íris e eram um dímero com uma massa molecular de 22000 por subunidade (John, C., Achenbach. e K. Vanya Ewart., 2002). Três lectinas específicas da L-ramnose foram isoladas de ovos de Chum salman e todas estas lectinas são monómeros na natureza com peso molecular de 22000-29000 (Nobuyuki Shiina. e Hisao Kamiya., 2002). Duas galectinas isoladas do muco da pele da enguia Conger, denominadas congerinas I e II, são dímeros compostos por duas subunidades idênticas de 136 e 135 resíduos de aminoácidos, respetivamente (Tomohisa. e Muramoto., 2002). As galectinas são uma família de proteínas de ligação a hidratos de carbono definidas pela sua afinidade para a β-galactosidase.

Verificou-se que o efeito fisiológico da TTX e do PFL tem um efeito tóxico com a diminuição do peso corporal em comparação com o controlo. Além disso, também foi encontrada uma variação considerável na monitorização dos perfis hematológicos, no teste da função hepática e no exame histopatológico do controlo e do rato tratado com TTX e PFL. Foi observada uma redução significativa da contagem total de RBC, WBC, neutrófilos, plaquetas e hemoglobina no rato tratado, o que significa que o sistema de defesa do corpo é deficiente contra diferentes tipos de doenças. Além disso, a atividade regulada por cima de diferentes enzimas, como SGPT, SGOT e SALP, no rato tratado com toxinas e proteínas foi a indicação de danos e inflamação no fígado e nos rins. Além disso, o exame histopatológico revelou uma deposição excessiva de lípidos, congestão dos vasos sanguíneos e inflamação, bem como evidências em diferentes órgãos de ratos que foram alimentados com TTX e PFL. Assim, todos os parâmetros mostrados constituem um grande risco para a saúde. Por último, pode afirmar-se que A TTX é uma neurotoxina grave que pode provocar a paralisia da célula e a morte. Do mesmo modo, a proteína de peixe-balão (PFP), que é uma glicoproteína na natureza, é também muito tóxica. Ambos os compostos têm um padrão de ação semelhante no que diz respeito à toxicidade.

Em conclusão, a proteína anticongelante purificada da tintureira-arco-íris e a proteína purificada do baiacu têm um carácter dimérico, que é específico para a D-manose. Além disso, tal como outras lectinas, esta PFL é tóxica por natureza. Assim, para além de ser específica para a aglutinação dos glóbulos vermelhos do rato, a PFL pode ser acrescentada à lista dos membros das lectinas específicas da manose purificadas a partir de outras fontes.

REFERÊNCIA

Absar, N e Funatsu.G., (1984) *J. Fac. Agric. Kyushu Univ.* **29**:103-115.

Andrews, P., (1965) *Biochem. J.* **96**: 595-605.

Agnew, W. S., (1984) Voltage-regulated sodium channel molecules. Annu. Rev. Physiol. **46**: 517-530.

Barry, A. L. (1976) "Principle and Practices of Microbiology". Lea & Fabager, Filadélfia.

Bauer A. W., Kirby W. M. M., Sherris J.C. e Turck M. (1966); teste de suscetibilidade a antibióticos através de um método de disco padrão, Am.J. Clin. Path, **44**: 493-497.

Catterall, W. A., (1980) Neurotoxins that act on voltage-sensitive sodium channels in Excitable membranes. Annu. Rev. Pharmacol. Toxicol. **20**: 15-43.

Chew, S. K., Goh, C. H., Wang, K. W., Mah, P. K., and Tan, B. Y., (1983) Puffer fish (TTX) poisoning : Clinical report and role of anticholinesterase drugs in therapy, Singapore Med. J., **24**: 168.

Dubois, M., Giles, K., Hamilton, J.K., Robers , P.A. e Smith, F. (1956) *Anal. Chem.* **28** (**3**): 350-356.

Ebesu, J. S. M., Noguchi, T., e Hokama, Y., (2000) Fish Poisoning Due to Tetrodotoxin. In: "Food Born Disease" (ed. por Hui), Sistema de Ciência e Tecnologia.

Ehrhardt,. Bochringer Mannheim GmbH (1989) J.Clin.Chem. Clin.Biochem. I, **27**:151-15.

E. Gotuzzo,. N. Maniville,. B.J. Ward, (2001*) Am.J. Trop. Med. Hyg.* **65:** 705-710.

Hawh, P.B., Oser, L., Summerson, W.H. (1904) *Practical Physiological chemistry*, 13th edn, McGraw Hill Book Company, USA.

J. Grant, S. Mahanty, A. Khadir, J.D. Maclean, E. Kokosin, B. Yeager, L. Joseph, J. Diaz, K. Yamamoto, T. Tsuji, O. Tarutami e T. Oswa, (1984). *Eur. J. Biochem.* **143**: 33-144.

J. Jayaraman (1981) *Lab. Manual in Biochemistry*, 1st ed., Wiely Eastern Ltd., New Delhi, 75.

John, C., Achenbach e K. Vanyawart, (2002) *Eur. J. Biochem.* **269**:1219-1226.

Jung, W.K., Park, P.J., Kim, S.K (2003). *J. Biochemistry and Cell Biology.* **35(2)**: 255-265.

Lange, W. R., (1990) Puffer fish poisoning, Am. Fam. Physician, 42:1029.

Lin SJ, Chai TJ, Jeng SS, Hwang DF, (1998) Toxicidade do baiacu Takifugu rubripes cultivado no norte de Taiwan. Fisheries Sci. 64: (5) 766-770.

L.G. Yu, J.D. Milton, D.G. Fernig, J.M. Rhodes, (2001) *Cell Physiol.***186**: 282-287.

Laemmli, U.K., (1970). *Nature.* **227**: 680-685.

Lin, J.Y., Lee, T.C., Hu, S.T., e Tung, T.C., (1981) *Toxicon.* **19**: 41-51.

Lowry, O.H., Rosebrough, N.J., Fan, A.L., e Randal, R.J., (1951). *J. Biol. Chem.***193**: 265-275.

M. Saito, S. Toyoshima, e T. Osawa, (maio, 1981) *Biochem. J.* **195(2)**: 435-439.

Mahmud, Y., Tanu, M. B., Noguchi, T. (1999) *J. Food Hyg. Soc.Japan.* **40**:473-480.

Mahmud, Y., Tanu, M. B., e Noguchi, T., (1999) primeira ocorrência de um incidente de intoxicação alimentar devido à ingestão de Takifugu oblongus, juntamente com um relatório toxicológico sobre três espécies de baiacu marinho no Bangladesh, J. Food Hyg. Soc. Japan, 40:473-480.

Mari Yotsu-Yamashita, Atsuko Sugimoto, Takahiro Terakawa, Yuki Shoji, Teruo Nobuyuki Shiina, Hiroaki Tateno, Tomohisa Ogawa, Koji Muramoto, Mineo Saneyoshi e Hisao Kamiya, (2002). *J. of Fisheries Sci.* **68**: 1352-1366.

Mayer, B.N., Ferringi, N.R., Putnam, J.E., Jacobsen, L.B., Nicols, D.E., e Mchaughlin, J.L. (1982). *Plant Med.* **45**: 31-34.

Mclaughlin J.L.: Brine Shrimp and Crown gall Tumours ; Simple Bioassay for the Discovery for Plants Antitumour agents, Providing NIH Workshop; Bioassay for Discovery of Antitumour and Antiviral agents from natural sources (1998) , Bethesda ; **220**:18-19.

Miyazawa e Takeshi Yasumoto, (2001) *Eur. J. Biochem.* **268**: 59375946.

Muller, Schlitter e Bein, (1952) Experimentia, **8**: 358.

Nakamura, M., Yasumoto, T (1985). *Toxicon.* **23**: 271-276.

Narahashi, T., (1974) Chemicals as tools in the study of excitable membranes. Physiol. Rev. **54**: 813-889.

Ornstein, L., (1964). *Ann. New York Acad. Sci. 121: 321 - 349.*

Pryme, S., Bardoez, A., Pusztai, S., W. Ewens, (2002) *Histol. Histopathol. 17*: 261-271.

Reddy, C. S e Hayes, A. W., (1989) Food-born toxicants. In: "Principles and Methods of Toxicology", 2nd ed. (A. W. Hayes, ed.) Raven, Nova Iorque, P-81.

Rudiger, H., (1988). *Advances in lectin Research1.* Springer, Berlim P. 26-72.

Tamao Noguchi,. E Yahia Mahmud, (2001) *Toxicol- Toxin Reviews. 20(1):* 35-50.

Tomohisa Ogawa, Tsuyoshi Shirai, Takashi Yamane, Hisao Kamiya e Koji Muramoto, (2002*) GlycoSci. And Glycotech. 14(*77):177- 187.

Touchstone,J.C., e Dobbins, M.F., (1978*) Practice of Thin- Layer Chromatography.* 1ˢᵗ Edn. P-173-212.

Toyoshima, S., Fukuda, M., e Osawa, T. (1972). Natureza química do local recetor de vários fitomitogénios. Biochemistry *11*: 4000-4005.

Yeasmin. T., Kashem, M.A., Razzaque. A., e Absar. N, (2001). *Eur.J.Biochem. 268*: 6005 -6010.

Printed by Books on Demand GmbH, Norderstedt / Germany